用于智慧照明的波浪能发电理论和技术

陈中显　宋三华　著

黄河水利出版社

·郑州·

内 容 提 要

本书是作者近年来从事波浪能发电技术的科研成果的整理和总结。书中主要阐述了直线发电机的设计，波浪发电装置的设计、建模、加工制作和试验测试。本书主要包括概述、单浮筒波浪发电系统模型和试验、永磁直线发电机的气隙磁场分析、双浮筒漂浮式波浪发电系统模型和设计、双浮筒漂浮式波浪发电系统的建造和海试试验、双浮筒漂浮式波浪发电系统优化控制理论基础、基于直线发电机的双浮筒漂浮式波浪发电系统优化控制策略等。全书贯彻理论联系实际的原则，既阐明了设计、加工和试验过程中的基本理论公式，也对相关试验数据进行了分析和总结，力求为后续波浪能发电技术的规模化和商业化应用奠定基础。

本书可供从事电机研究、设计、制造的专业人员参考，也可作为波浪能开发和利用的专业人员参考，还可作为新能源技术类专业的教学参考书。

图书在版编目(CIP)数据

用于智慧照明的波浪能发电理论和技术/陈中显,宋三华著.—郑州:黄河水利出版社,2020.11
ISBN 978 - 7 - 5509 - 2802 - 2

Ⅰ.①用… Ⅱ.①陈…②宋… Ⅲ.①波浪能 - 海浪发电 Ⅳ.①TM612

中国版本图书馆 CIP 数据核字(2020)第 175359 号

组稿编辑:韩莹莹 电话:0371-66025553 E-mail:1025524002@qq.com

出 版 社:黄河水利出版社　　　　　　　　　　网址:www.yrcp.com
　　　　　　地址:河南省郑州市顺河路黄委会综合楼14层　邮政编码:450003
发行单位:黄河水利出版社
　　　　　　发行部电话:0371 - 66026940、66020550、66028024、66022620(传真)
　　　　　　E-mail:hhslcbs@126.com
承印单位:广东虎彩云印刷有限公司
开本:890 mm × 1 240 mm　1/32
印张:7
字数:256 千字
版次:2020 年 11 月第 1 版　　　印次:2020 年 11 月第 1 次印刷
定价:47.00 元

前　言

近年来,随着智慧照明技术在沿海城市或海岛上的应用,其对电能的需求也越来越大。如何协调电能供给和环境可持续发展,成为智慧照明技术发展过程中必须面对的一个问题。波浪能发电技术,作为沿海地区就地取材的一种可再生能源开发方式,不仅可以满足沿海生产生活对于电能的需求,也可以实现智慧照明能源供给的清洁化。

因此,本书是在总结作者多年研究成果的基础上,进一步规范化、系统化双浮筒漂浮式波浪能发电理论和技术。该理论和技术,可以为沿海城市和偏远海岛的智慧照明提供清洁可再生能源(电能)支持。本书的主要内容和特点如下:

(1)分析了实验室波浪水槽的工作原理,采用频域法计算了浮筒受到的垂直波浪力、垂直附加质量和阻尼系数。

(2)采用频域法,分析了浮筒在波浪中垂直方向的运动速度和位移,并优化了浮筒的质量,使浮筒与波浪在垂直方向的运动达到了共振状态。在此基础上,建立了单浮筒波浪发电系统的模型,并进行了试验验证。

(3)根据单浮筒波浪发电试验的分析结果,对永磁直线发电机进行了分析和优化。首先,采用磁路法和基尔霍夫定律,解析计算永磁直线发电机的气隙漏磁系数,并与有限元分析结果相比较,验证解析计算的准确性。然后,根据永磁直线发电机的端部气隙磁场分布系数,从解析计算的角度推导出一种永磁直线发电机齿槽力最小化的方法。

(4)提出一种改进的许－克变换解析计算方法,计算永磁直线发电机的气隙磁场分布,并采用有限元法验证改进的许－克变换解析计算方法的准确性。

(5)根据格林函数和 Froude－Krylov 力,解析计算浮筒在海洋波浪中的垂直方向运动过程,从而导出了双浮筒漂浮式波浪发电系统的基本工作原理。

(6)优化设计外浮筒和内浮筒的重量,外浮筒和内浮筒的原材料均采用超高分子量聚乙烯(高防腐蚀特性);采用 Halbach 充磁方式的圆筒型永磁直线发电机把海洋波浪能直接转换成电能;选择基于GPRS 和 Internet 网络通信方式的数据通信系统,实现双浮筒漂浮式波浪发电系统运行状态的监测和管理工作;选择单点系泊方式保障双浮筒漂浮式波浪发电系统的稳定运行。

(7)阐述了双浮筒漂浮式波浪发电系统的建造过程,采用静水测试和发电测试两种方式,对双浮筒漂浮式波浪发电系统进行了海试试验。

(8)建立自回归移动平均模型(ARMA),预测未来某一时间段内海洋波浪垂直方向的运动速度。采用内模 PID 法优化了双浮筒漂浮式波浪发电系统在负载情况下的运行状态,使海洋波浪能可以最大化地转换成电能。并在前期科研成果的基础上,研究了基于改进型直线发电机的双浮筒波浪发电系统分区域动态优化控制技术。此外,也阐述了其他形式的波浪能发电技术理论和直线发电机设计技术。

全书由陈中显、宋三华共同编写,由陈中显统稿。本书在组稿和出版过程中,得到了河南省智慧照明重点实验室、余海涛教授、姚汝贤教授、黄磊副教授,以及科研团队成员刘春元和洪立玮的大力支持,在此一并表示感谢。

由于作者水平有限,尤其缺乏对于波浪发电领域的发电机研究和电能监测研究,目前作者正在进一步完善自己在本研究领域的相关知识,因此书中难免有错误的地方,敬请读者批评指正。

作　者
2020 年 7 月

目　录

第1章 概 述

1.1 开发和利用波浪能的必要性

随着全球经济的快速发展,人类对于能源消耗的需求必然日益增加。然而,全球大部分的能源消耗来源于化石能源。而化石能源作为一种非可再生能源,其在燃烧和使用的过程中引起了一系列问题,例如温室效应、环境污染和地质生态破坏等。因此,能源消耗和环境的协调可持续发展问题受到当今世界各国的共同关注。随着我国对环境污染治理力度的逐步加大,把清洁可再生能源转换成电能,成为改善我国环境质量和满足国民生产生活对于电能需求的主要途径。其中,波浪能作为一种新型可再生清洁能源,越来越受到世界各国的瞩目。波浪发电(把波浪能转换成电能)作为清洁可再生能源转换成电能的方式之一,在为偏远海岛、海上平台和沿海地区提供电能的同时,也为我国海洋经济的发展提供了动力支持。事实上,波浪发电的开发和利用,不仅可以满足人类日益增长的能源消耗的需求,而且可以改善环境,实现全球经济的可持续发展。

波浪能是指海洋波浪所具有的,并以动能和势能的形式存储在海洋表层的机械能。就能量传递的角度而言,波浪能直接来源于风能,而风能是由于地球转动和地球表面大气层受太阳能加热不均引起的。所以,波浪能起源于太阳能,是一种取之不尽、用之不竭的清洁可再生能源。在太阳能转换成风能的过程中,平均能量密度得以加强(从太阳能的 $0.1 \sim 0.3 \ kW/m^2$ 到风能的 $0.5 \ kW/m^2$);而由风能转换成波浪能的过程中,平均能量密度得到了进一步的聚集($2 \sim 3 \ kW/m^2$)。因此,开发和利用波浪能具有良好的环境效益、社会效益和经济效益。目前,把波浪能转换成电能,不失为一种波浪能开发和利用的较好选择。

2016 年 12 月 30 日,国家海洋局印发了《海洋可再生能源发展"十三五"规划》。该规划明确指出,到 2020 年,单机 100 kW 的波浪发电装置,其总体转换效率不低于 25%。因此,如何采用有效的方法,提高波浪发电装置的运行效率,已成为目前波浪发电技术的主要研究内容。然而,随着波浪发电技术研究的深入和试验测试工程的陆续建设,逐渐出现两个问题:一是由于波浪能的特殊存在形式,很难提高波浪发电装置在自然运行状态下的效率;二是由于极端海洋环境(飓风、台风等),无法保障波浪发电装置在海洋波浪中的安全稳定性。所以,研究波浪发电装置的优化控制策略,提高波浪发电装置的运行效率和安全稳定性,成为波浪发电技术发展过程中亟待解决的难题。

开发和利用波浪能,还面临诸多其他的困难与挑战:第一,任何海洋表面区域的波浪能密度都具有周期性变化的特性,其能量的大小根据波浪的本身特性(波高和周期)变化而变化,这种周期性变化的特性必然导致波浪发电系统输出的电能具有不稳定性,从而影响到波浪能的采集和利用效率。第二,波浪发电系统的设计和建造还不成熟,许多难题有待解决。例如在一定波高和周期内设计出来的波浪发电系统,当面对超出设计范围的波高(季风、飓风和台风等)时,波浪发电系统的发电运行质量会明显降低,并且波浪发电系统本身的结构坚固性也有待考验。第三,波浪发电系统的工作效率问题。根据机械振动和漂浮在海洋波浪中的浮体(这里可以认为是波浪发电系统)运动理论,浮体在波浪的作用下,会做周期性的振荡运动,而海洋波浪周期是随着海洋气候的变化而变化的,这种周期变化的波浪必然不能与波浪发电系统时刻保持共振状态,进而也不能保证波浪发电系统的工作效率达到最佳。所以,如何提高波浪发电系统的工作效率,也是开发和利用海洋波浪能的难题之一。

事实上,海洋波浪发电技术作为海洋可再生清洁能源开发利用的一种方式,诸多涉海国家均投入了不少人力和财力进行科学研究和试验。为了保证海洋波浪发电系统的运行可靠性、提高工作效率及易于后期系统维护,需要从海洋波浪的运动特性、波浪发电系统结构的设计和海试试验方面,进行详细、准确、全面的分析和研究。

1.2 漂浮式波浪发电系统的发展状况

波浪能的开发和利用正处于初级阶段。目前为止,尽管已经有几千个有关波浪能转换成电能的新技术和专利,就波浪发电系统的安装位置而言,可以分为两类:靠岸式和离岸式(漂浮式)。靠岸式是指波浪发电系统安装在岸边附近的位置,靠岸式波浪发电系统不需要锚链进行定位和海底电缆进行电能传输,安装方便、易于维护,且可以较为方便地提高整个发电系统抗击恶劣海洋气候的能力。然而,受海岸地形和海洋波浪运动特性的影响,越是靠近高纬度和海岸的地方,其波浪能平均密度越低,进而导致波浪发电系统的单位面积输出功率较低。此外,靠岸式波浪发电系统在安装投放时,对海岸的地理位置有一定的要求,对岸边周围生态环境也有一定的影响。

相对于靠岸式波浪发电系统,目前的漂浮式波浪发电系统没有得到系统和广泛的研究。漂浮式波浪发电系统对于周围地理环境的要求较低,系统的投放选址较为灵活,不涉及较大规模的投放安装过程,从而降低了系统的投放和安装成本。最重要的是,从波浪平均能量密度(漂浮式远远高于近岸式的平均能量密度)和波浪发电系统单位面积输出功率的角度来讲,随着漂浮式波浪发电技术的进一步深入理论研究和海试试验,必然使得漂浮式波浪发电系统具有更加广阔的开发和利用前景。

1.2.1 漂浮式波浪发电技术的原理

漂浮式波浪发电技术的原理是将海洋的波浪能转换成机械能,进而驱动发电机进行发电运行工作,从而最终把波浪能转换成电能。其中,波浪能转换成电能的过程中,能量传递可以通过压缩空气(气动形式)和压缩液体(液压形式)来实现,也可以直接通过机械传动把波浪能转换成电能。所以从能量传递的过程来讲,可以把漂浮式波浪发电技术分为三级转换技术或二级转换技术。波浪发电的三级能量转换过程如图1-1所示:首先是通过聚波或机械振动的形式把波浪能聚集起来;然后是通过气动形式或者液压形式把波浪能转换成机械能;最后是通过蓄能器驱动发电机进行发电输出工作,从而最终把波浪能转换成电能。而二级转换技术(有的参考资料中也称之为直驱式波浪发电技术),其能量的传递过程中不需要气动或者液压传动,而是通过机械传动的形式直接把波浪能转换成电能,结构更加简单,系统转换效率更高,是波浪能发电技术的主要发展方向。采用二级转换技术,降低了能量传递过程的损耗(理论转换效率可以达到100%,试验转换效率也可以达到90%),提高了能量的转换效率,适合规模化应用,符合未来波浪发电技术的发展方向。

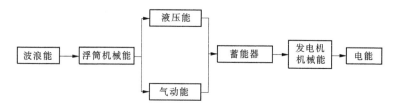

图 1-1　波浪发电的三级能量转换过程

　　漂浮式波浪发电系统主要是基于漂浮在波浪中的浮筒运动理论,通过振荡运动的形式把波浪能转换成电能,一般是二级能量转换技术。近年来,漂浮式波浪发电系统得到了一定的发展,下面简单介绍一下目前较具规模的几种漂浮式波浪发电系统。

1.2.2　单浮筒漂浮式波浪发电系统

　　早期的单浮筒漂浮式波浪发电系统有 Backward Bent Duct Buoy (BBDB)。1986 年,日本学者 Yoshio Masuda 提出了一种新型的波浪发电系统,为了与之前的波浪发电系统 Frontward Facing Duct Converter (FFDC)相区别,Yoshio Masuda 把这种新型的单浮筒漂浮式波浪发电系统命名为 BBDB,如图 1-2 所示。该波浪发电系统通过锚链和沉石固定在某一区域的海平面上,在海洋波浪入射波的作用下,位于波浪发电系统内的振荡水柱周期性地做上下运动,从而通过气室推动发电机的叶轮做旋转运动,最终驱动发电机进行发电运行工作。与 FFDC 相比,

BBDB 的主要设计优点是其浮筒内的振荡水柱能够与波浪入射波达到
共振,从而可以提高该单浮筒漂浮式波浪发电系统的运行效率。目前,
BBDB 单浮筒漂浮式波浪发电系统已经在日本、韩国、丹麦、爱尔兰、中
国等国家得到初步的研究和海试试验。近几年,爱尔兰正在努力建造
一个更大规模的 BBDB 单浮筒漂浮式波浪发电系统,并准备把该系统
投放在距离海岸较远的开阔海域。2006 年,一个 1∶4 比例模型的
BBDB 单浮筒漂浮式波浪发电系统安装在 Galway Bay(位于爱尔兰西
海岸),并进行了初步的海试试验。

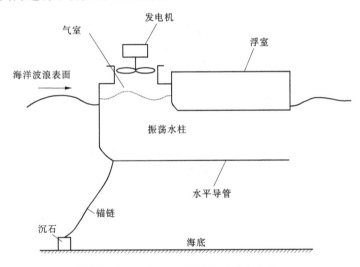

图 1-2 BBDB 波浪发电系统的基本结构

2002 年,在欧盟委员会的海洋能专项资金的资助下,位于瑞典的
乌普萨拉大学可再生能源转换中心实施了一项波浪能开发和利用工
程。该可再生能源转换中心对于波浪能的开发和利用做了一系列理论
分析和试验研究,并把一个 1∶1 比例模型的单浮筒漂浮式波浪发电系
统(Swedish)安装在远离瑞典西海岸的某一海域,其安装地点的水深是
25 m。该单浮筒漂浮式波浪发电系统的基本剖面结构如图 1-3 所示,
与传统的波浪发电系统不同的是,该波浪发电系统采用了永磁直线发
电机把波浪能转换成电能。在海洋波浪的作用下,漂浮在波浪表面的

浮筒做上下往复运动,从而可以通过绳索带动永磁直线发电机的动子(线圈)做上下往复运动,这样也就使动子与定子之间产生相对运动,进而感应电动势,最终把波浪能转换成电能。图1-3中弹簧的作用是在浮筒向下运动的过程中,快速驱动永磁直线发电机的动子(线圈)复位。由于采用永磁直线发电机把波浪能直接转换成电能(没有涉及能量传动的中间环节,例如气动、机械传递等过程),该单浮筒漂浮式波浪发电系统具有工作效率高的优点。

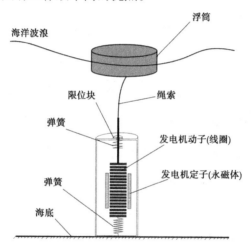

图1-3　Swedish 波浪发电系统的基本剖面结构

　　另外,挪威也是较早从事海洋波浪能研究的国家之一。挪威科技大学于1973年成立了海洋波浪能研究小组,并在1978年得到了挪威政府的资金支持。1985年,该研究小组相继建设了500 kW 的振荡水柱式波浪发电系统和350 kW 的锥形通道型波浪发电系统。在英国,Salter 教授于1974年开始了点头鸭式波浪发电装置的研究,并于1983年开始接受英国政府的资金资助。丹麦在1996年成立了专门的海洋波浪能委员会和技术咨询小组,目的是促进海洋波浪发电技术的科学发展。最早从事海洋波浪发电研究的国家当属美国(1950年),然而其发展过程比较缓慢,目前只有两个波浪发电工程(McCabe 水柱式和OPT 波能转换器)处于实施应用中。

在国内,中国科学院广州能源研究所在英国教授 Salter 提出的点头鸭式波浪发电装置的基础上,于 2007 年开始从事点头鸭式波浪发电技术的研究。着重从结构优化、系泊和运行稳定性方面,研制出装机容量为 10 kW 的"鸭式一号"漂浮式波浪发电装置。该漂浮式波浪发电装置于 2009 年开始海试试验,试验结果表明"鸭式一号"具有较高的运行效率,但其稳定性较差,不能抵抗较大的波浪冲击。此后,在国家自然科学基金和国家海洋局海洋可再生能源专项资金的资助下,该能源研究所对"鸭式一号"的结构做了进一步优化设计,研制出具有较高稳定性的装机容量为 100 kW 的鸭式波浪发电装置。

特别地,国内大部分海洋波浪发电系统安装在靠近海岸边缘。由于越靠近海岸边缘,海洋波浪能的密度越低,这样也就使靠岸式海洋波浪发电系统的工作效率受到了极大的制约。此外,离岸式波浪发电系统的安装调试和稳定性也面临诸多难题,还处于起步阶段。

1.2.3　双浮筒漂浮式波浪发电系统

双浮筒漂浮式波浪发电系统(Powerbuoy)是由位于美国新泽西州的一家具有业内领先水平的海洋动力技术公司(Ocean Power Technologies ,OPT)研制开发的。该波浪发电系统主要由漂浮在海洋波浪中的内浮筒和外浮筒组成,如图 1-4 所示。其中,外浮筒在波浪的作用下做上下往复运动,而由于内浮筒的吃水深度远远大于外浮筒的吃水深度,根据漂浮在波浪中的浮筒运动理论,内浮筒几乎保持静止状态。所以,内浮筒和外浮筒之间的相对运动可以驱动安装在内浮筒里的发电机进行发电运行工作,从而把波浪能转换成电能。2008 年 9 月,一个额定输出功率为 40 kW 的双浮筒漂浮式波浪发电系统样机被投放在西班牙的北部海域(santoña),如图 1-5 所示。在未来几年,OPT 公司计划在苏格兰附近海域安装投放一批双浮筒漂浮式波浪发电系统,从而组成一个波浪发电阵列,该发电阵列的额定功率是 150 kW。

由于涉及技术保密等诸多方面的问题,双浮筒漂浮式波浪发电系统的相关详细资料文献并没有对外公开,例如其系统内部结构、数据信息采集过程、能量传递过程、浮筒材料的抗海水腐蚀设计、优化控制及

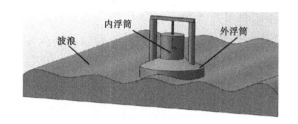

图 1-4　Powerbuoy 波浪发电系统示意图

图 1-5　Powerbuoy 波浪发电系统实物图

抵抗较大海洋波浪的冲击能力等。因此,为了推动我国海洋波浪发电系统的研究,促进我国海洋能源经济的快速发展,从而形成具有自主知识产权的海洋波浪发电新技术,完全有必要从海洋波浪动力学、机械振动学和数据通信等方面对双浮筒漂浮式波浪发电系统进行深入的理论研究和试验分析,这也是本书的主要研究内容。

1.2.4　多浮筒漂浮式波浪发电系统

多浮筒漂浮式波浪发电系统(Pelamis)是由美国的一家公司(Pelamis Wave Power)设计制造的,其基本结构如图 1-6 所示。该波浪发电系统由 4 个浮筒组成,浮筒与浮筒之间(连接点)用活关节进行连接,在波浪的作用下,每个浮筒的两端分别做上下往复相对运动,进而促使浮筒之间的活关节通过液压油缸和液压马达驱动发电机进行发电运行工作,从而把波浪能转换成电能。多浮筒漂浮式波浪发电系统经历了一系列的详细理论研究和试验分析工作,建立了较为系统的、科学的数学模型和试验装置。2003 年,一个 1∶1 比例模型的 Pelamis 样机被投放安装在苏格兰附近海域,如图 1-7 所示。该样机长 120 m,浮筒直径 3.5 m,额定输出功率 750 kW,适合在水深 50 m 的海域进行发电运行工作。多浮筒漂浮式波浪发电系统的锚链系泊系统可以使其在各个方向的波浪作用下进行发电运行,通过合理地设计浮筒之间的活关节和液压驱动系统,该波浪发电系统可以较为容易地实现抗击较大海洋波浪冲击的功能。

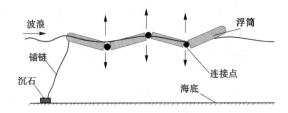

图 1-6　Pelamis 波浪发电系统的基本结构

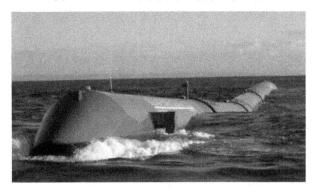

图 1-7　Pelamis 波浪发电系统实物图

　　总体来讲,多浮筒漂浮式波浪发电系统具有较好的市场前景。2008 年的下半年,3 个 Pelamis 波浪发电系统被安装投放在葡萄牙的南部海域,组成了一个小规模的发电场,并在全球率先实现了波浪发电系统的并网输电工作。多浮筒漂浮式波浪发电系统的理论研究和试验分析结果,对于符合投放安装该波浪发电系统的相关海域进行波浪能开发和利用提供了发展方向。

1.3　波浪与浮筒之间的相互作用研究现状

研究波浪与浮筒之间的相互作用问题,对于漂浮式波浪发电系统的优化设计具有重要意义。由于海洋波浪的周期是非恒定不变的,那么就要考虑漂浮式波浪发电系统与不同海洋波浪周期之间的阻尼匹配问题(也就是在何种情况下能够使浮筒与海洋波浪达到共振的状态),进而促使漂浮式波浪发电系统能够最大化地把波浪能转换成电能。

在研究波浪与浮筒之间的相互作用过程中,最常见的方法是数值计算和解析计算。数值计算方法主要包括棱边有限元法、有限差分法、三角形有限元法等,其计算准确度较高。但数值计算方法的计算周期长、对于硬件设备的计算速度要求高、计算程序的编写复杂。针对规则的浮体(例如本书涉及的圆柱形浮筒)而言,采用解析计算方法完全可以实现计算结果的准确性,且解析计算方法的程序编写较为简单、计算速度快,得到很多学者的青睐。

研究波浪与浮筒之间的相互作用问题,首先要解决浮筒在波浪中受到的附加质量和阻尼系数。国外关于浮筒在波浪中受到的附加质量和阻尼系数问题可以追溯到 20 世纪 40 年代,主要是针对正弦波浪与形状规则的浮体之间的相互作用问题展开的。随着新的计算方法的提出,到了 20 世纪 80 年代初,该问题得到了进一步的简化和解决,主要采用特征函数匹配法和多极子法进行浮体附加质量和阻尼系数的计算。Tarik Sabuncu 和 Ronald W. Yeung 等分别在 1980 年和 1981 年各自采用解析计算方法推导出圆柱形浮筒的附加质量和阻尼系数的解析值,McCormick 在 1981 年提出了形状规则浮体(浮球、浮筒和圆盘)的附加质量经验式,Håvard Eidsmoen 提出了采用垂直特征函数和 Haskind 关系计算同心双浮筒的附加质量和阻尼系数。国内也有诸多文献资料对外形规则浮体的附加质量和阻尼系数进行了研究,例如采用流域划分法和分离变量法研究线性平面入射波对圆柱形浮体产生的辐射和绕射问题,进而解析计算不同规则形状、质量和吃水深度的浮筒受到的附件质量和阻尼系数。近年来,随着计算机的计算速度大幅度提高和各种流体力学计算软件的发布,采用基于有限元法编写的流体力学计算软件进行附加质量和阻尼系数的计算,成为一种趋势。

只有获得浮筒在波浪中受到的附加质量和阻尼系数,才能计算浮筒在波浪中受到的波浪力。计算浮筒在波浪中受到的波浪力,是研究波浪能转换成电能的关键问题之一。一般地,漂浮在海洋波浪中的浮筒主要受到垂直波浪力和水平波浪力的作用。目前,主要采用时域法和频域法计算浮筒受到的波浪力。针对实验室的规则波浪(正弦变化)而言,由于波浪的运动是线性的,完全可以采用时域法准确地分析浮筒受到的波浪力问题,但是大多时候,海洋波浪的运动具有非线性特征,其波高、周期是时刻变化的。在这种情况下,用传统的时域法已不能满足计算要求。而采用频域法(包括复振幅和相位矢量),不仅可以方便地处理海洋波浪的非线性问题,而且可以得到合理的计算结果。采用频域法的最大好处是对时间的微分可以简单地用与 $i\omega$ 作乘积来表示,其中 $i = \sqrt{-1}$ 是虚数单位, ω 是海洋波浪的角频率。J. Falnes 详细研究了浮筒在海洋波浪中的振动理论,提出了采用频域法描述浮筒在海洋波浪中的运动过程,并采用格林函数、小物体近似法等理论推导出了浮筒附加质量和阻尼系数的频域表达式。

上述文献资料的主要研究内容为:在波浪入射波和反射波的作用下,漂浮在波浪中的浮体(一个或者多个浮体,或者两个同轴浮筒)所受到的附加质量、阻尼系数和波浪作用力。只有获得浮体所受到的附加质量、阻尼系数和波浪作用力,才能进一步结合发电机的本身特性分析漂浮式波浪发电系统的机械运动过程,为实现漂浮式波浪发电系统的优化设计和控制奠定基础。

1.4 波浪发电机的研究现状

发电机是波浪发电系统的重要组成部分,是把波浪能转换成电能的核心设备,同时也对波浪发电系统的运行效率起到一定的决定作用。目前,用于波浪发电系统的发电机主要有传统的旋转发电机和近年来提出的直线发电机。由于波浪的运动过程分为垂直方向和水平方向,则直线发电机可以直接地把波浪能转换成电能;而旋转发电机需要通过机械传动结构,把波浪的直线运动转换成旋转运动,进而完成波浪能转换成电能的能量传递过程。与旋转发电机相比,直线发电机可以减少能量传递的环节,降低能量传递过程中的机械损耗,初步提高能量转换的效率。

根据波浪的运动特性,利用传统的旋转发电机把波浪能转换成电能,其能量传递过程需要使用一些转换设备(例如汽轮机、水轮机、气压活塞或液压马达等),从而把波浪的直线运动转换成旋转发电机的圆周运动。近30年来,随着各种永磁材料的出现,为永磁直线发电机应用于波浪发电系统提供了良好的条件。根据结构形式,直线发电机可以分为圆筒型永磁直线发电机和平板型永磁直线发电机。采用永磁直线发电机把波浪能转换成电能,其中间的能量传递过程不需要转换设备,这样既减少了设备成本的投入,也会因能量传递环节的减少而提高能量转换的效率,为波浪发电系统的优化设计提供了必要条件。

所以,直线发电机的研究成为波浪发电技术的主要研究内容之一。目前,大多数的波浪发电用直线发电机主要处于理论研究阶段或实验室测试阶段,只有少数几种类型的直线发电机被应用到实际海洋波浪环境之中。

1.4.1　波浪发电用旋转发电机

在实际应用过程中,由于海洋波浪驱动浮筒运动的方向是垂直方向或水平方向,那么圆周运动形式的旋转发电机不可能与浮筒实现直接连接;并且由于海洋波浪的运动速度是非恒定的,那么旋转发电机输出的电压幅值和频率也是非恒定的,因此其输出的电能不可以直接并入电网。所以,基于波浪的运动特性,旋转发电机的运行过程需要与非恒速的波浪达到匹配。在汽轮机、水轮机、气压活塞或液压马达的驱动下,目前应用于波浪发电系统的旋转发电机主要有4种:双馈感应发电机、鼠笼式感应发电机、永磁同步发电机和场同步发电机。

O'Sullivan 等采用建立 Matlab 模型的方法分析了上述 4 种旋转发电机在波浪发电系统中的优缺点,并从应用环境、运行效率和成本投入的角度讨论了其各自的可行性。由于波浪和风力的运动有很多相似之处,所以根据已有的理论成果和实践经验,可以把风力发电方面的相关成熟技术应用于波浪发电系统中,例如变速齿轮箱驱动双馈感应发电机技术和电力电子器件控制同步发电机技术等。从设备的尺寸大小、质量和控制角度来讲,采用旋转发电机作为波浪发电系统的核心部件,不失为一种较好的办法。

近年来,也有学者提出采用双转子发电机把波浪能转换成电能。双转子发电机也被称为无刷带励磁机发电机,其主要特点是发电机的同一轴承上安装了两套独立的转子,其中的一个转子上安装有永磁体(主转子),另一个转子上安装有线圈(辅助转子)。无论是在何种方向的波浪推动下,主转子和辅助转子均能够在叶片的驱动下产生相对旋转运动,从而可以把波浪能转换成电能。

但是,把旋转发电机应用于波浪发电系统也存在诸多缺点,例如双馈感应发电机不是无刷电机,不方便进行设备维护。并且,需要采用汽轮机、水轮机、气压活塞或液压马达等动力机械把波浪的直线机械运动转换为旋转机械运动,其能量转换的过程中必然伴随着能量的损耗,进而对波浪发电系统的运行效率产生负面影响。

1.4.2 波浪发电用直线发电机

波浪发电系统采用直线发电机把波浪能转换成电能,其最大的优点是减少了能量的中间传递环节(无须汽轮机、水轮机、气压活塞或液压马达等),进而降低了能量传递过程中的损耗和资本投入,提高了波浪能的有效利用率。因此,有些资料中把采用直线发电机进行波浪能转换的系统称为"直驱式波浪发电系统"。

尽管美国的科学工作者在 100 年前就率先提出直线发电机的概念,并且于 20 世纪 70 年代把直线发电机应用于波浪发电系统中,但是截至目前,只有少数几种类型的直线发电机被应用于海试试验中。

Baker 和 Gardner 等对双边永磁直线发电机进行了理论分析和优化设计,并把双边永磁直线发电机应用于阿基米德式波浪发电系统之中。双边永磁直线发电机的基本结构如图 1-8 所示,其主要优点如下:

(1)较高的力密度。

(2)漏磁通小,工作效率高。

(3)永磁材料价格低,降低了成本投入。

(4)结构形状简单,加工制作较为容易。

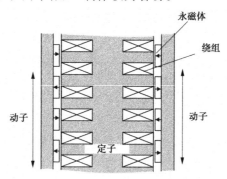

图 1-8　双边永磁直线发电机的基本结构

阿基米德式波浪发电系统是第一个把永磁直线发电机应用于海试试验的波浪发电系统,其研究成果为波浪发电系统的发展方向提供了一定的参考依据。

Joseph Prudell 等提出了把圆筒型永磁直线发电机应用于波浪发电系统的概念,并进行了相关的理论研究和实验室建模。实验室的试验结果分析表明,其设计的圆筒型永磁直线发电机达到了预期的理论仿真效果。此外,Mueller 和 Calado 等提出了把磁通切换型永磁直线发电机应用于波浪发电系统的概念,通过初步的理论仿真分析,其设计的磁通切换型永磁直线发电机具有高功率密度和高效率的优点。

在国内,东南大学提出了把 Halbach 充磁形式的圆筒型永磁直线发电机应用于波浪发电系统中。图 1-9 为一台带有辅助齿、长初级、Halbach 充磁形式的圆筒型永磁直线发电机的基本结构。所谓 Halbach 充磁形式,主要指的是永磁体的充磁方式和排列方式。采用

Halbach 充磁形式,可以提高圆筒型永磁直线发电机的气隙磁通密度,并降低动子铁芯和定子铁芯的磁通密度。此外,当定子铁芯两端采用辅助齿后,Halbach 充磁形式的圆筒型永磁直线发电机齿槽力得到了很大程度的降低。2012 年,在国家自然科学基金的资助下,一台Halbach 充磁形式的圆筒型永磁直线发电机被安装在直驱式波浪发电系统中,并在实验室波浪水槽环境中进行了初步的试验。

图 1-9　Halbach 充磁形式的圆筒型永磁直线发电机的基本结构

　　另外,超导励磁直线发电机是近年来波浪发电用直线发电机的研究热点之一。超导励磁直线发电机的主要特点是:降低了发电机的质量和体积,提高了发电机的效率,并且其超导绕组不会产生损耗。文献[51]提出了一种基于钇钡铜氧的波浪发电用高温超导励磁直线发电机,并采用有限元仿真计算软件进行了优化设计。仿真分析结果表明,该超导励磁直线发电机不会产生退磁现象,并且效率高达 96%(不包含机械损耗)。文献[52]提出了一种基于二硼化镁(MgB_2)的波浪发电用低温超导励磁直线发电机,该发电机属于磁通切换型,其结构呈圆筒形状。结合海洋波浪运动的特点,并通过仿真计算和结果分析,该低温超导励磁直线发电机适合应用于波浪发电技术中。

　　从超导材料的应用位置来讲,目前的定子超导磁体电机和超导同步电机多为部分超导型电机,即采用超导材料作为场绕组,电枢绕组仍为铜线。而全超导型电机的电枢绕组和场绕组均为超导材料。很显然,全超导型电机的功率密度和效率远高于部分超导型电机。同等功率等级的电机,全超导型电机体积不到部分超导型电机的一半。尽管如此,部分超导型电机仍占据市场很大份额,这是由于全超导型电机面

临以下两个重要问题:

(1)电枢绕组存在较大的交流损耗。由于交流损耗将造成温度上升,影响热稳定性,进而可能引起失超现象。

(2)低温冷却机构十分复杂。由于一般的同步电机的电枢和绕组分别位于定子和转子上,因此需要定子和转子同时冷却,而转子的旋转运动使得冷却系统设计较为复杂。

近年来,随着 MgB_2 超导材料的应用,电枢的交流损耗问题得到了解决,采用 MgB_2 材料的全超导型电机得到了广泛的关注,主要是由于 MgB_2 超导材料具有以下优点:

(1) MgB_2 超导材料在 $15\sim30$ K 温区具有很小的交流损耗,在铜基超导线 0.5 mm 半径的线材中,电流密度为 100 A/mm^2,其交流损耗大约为 7 mW/m,完全可以满足一般超导电机的要求。而且,当采用多芯结构和减小基底半径时,其交流损耗可进一步减小。

(2) MgB_2 超导材料具有比重小、易制备、易绕制等优点,可以被液氢燃料冷却到 20 K 工作,既克服了常规低温超导材料制备困难、价格昂贵的缺点,又克服了对液氦的依赖,可方便地使用小型制冷机获得。同时, MgB_2 超导材料具有各向异性很小的特性,可根据电机设计要求制备成所需要的形状。

因此,使用 MgB_2 材料的全超导型电机从技术上完全可行,加工和运行成本很低,具有实际应用的可能性。然而与其他超导材料相比, MgB_2 材料存在工作磁场相对较小的缺点。为克服这一缺点,部分学者采用 MgB_2 材料作为电枢绕组,采用 YBCO 材料作为场绕组,研发了混合全超导型电机。但是,为了满足两种不同超导材料同时工作,其电机结构和制冷系统均较复杂,加工和运行成本也很高。

此外,为适应低速的波浪运动,国内外学者分别从能量传递结构和发电机结构改进的角度,对波浪发电机和能量传递结构进行了深入的研究。例如采用液压结构增速,是学者们研究较多的方式之一。液压传递结构可以改变对电机的驱动速度。然而,由于存在液压结构,导致传递能量效率降低。同时液压结构体积仍很庞大,虽提高了发电机的功率密度,而整体系统功率密度提高不明显。国际著名学者 Mueller 课题组提出了一种直线游标混合发电机。该电机通过初级双凸极结构,在低速的直线运动下可实现磁场能量高频转换。通过提高磁场转频率,使电机的发电频率、发电电压和功率密度得到提高。磁通切换直线电机也是通过同样的原理,实现低速至高速的能量转换。然而,此类电机存在一个共同的弱点:功率因数较低、带载能力弱,需要专门功率因数补偿装置。

磁齿轮技术也可实现低速至高速能量传递,并且在旋转运行机构中得到了应用,尤其在风力发电机中得到了应用,实现了风力发电的低速大转矩直接驱动。近年来,部分学者对其在波浪发电机系统的应用开展了初步研究。例如,采用低速和高速直线电机,通过直线磁齿轮连接在一起,直线电机 1 m/s 经直线磁齿轮后变化为 3.75 m/s,功率密度大约提高了 14 倍。直线磁齿轮连接的变速电机,其变速直线电机主要参数稳定,推力波动不大,可以推广应用。

因此,作为发展方向之一,采用磁齿轮技术实现波浪发电系统的能量传递,可实现低速至高速传动的转变,在不增加甚至减小系统体积的情况下,可改善波浪发电系统功率密度低下、电磁力波动大的缺点,从而极大地降低了波浪发电成本,推动波浪发电行业走向市场。

无论是新型材料或新型结构的直线发电机,还是比较普通的永磁直线发电机,自从这些直线发电机被提出应用于波浪发电系统以来,经过了多年的发展,其在理论分析和优化设计方面均取得了一定的成果。但是,目前,仅仅有少数几种永磁直线发电机进行了模型试验,而能够在实际海况下进行发电试验的样机更少。所以,完全有必要对采用了永磁直线发电机的波浪发电系统做进一步的深入研究和试验测试。

1.5　波浪发电装置优化控制研究现状

波浪发电装置在采用直线发电机把波浪能转换成电能的基础上,还需要采取优化控制策略,从整体上提高系统装置的运行效率。

根据机械振动理论,只有在波浪发电装置的运动频率和波浪的运动频率达到共振的情况下,波浪发电装置才可以实现波浪能转换成电能的最大化。然而,受到气压、风力、温度、湿度等因素的影响,波浪运动过程中的波幅和频率是时刻变化的,而波浪发电装置本身固有频率是恒定的,则二者之间不可能一直处于共振状态(相位差为零)。因此,研究波浪发电装置的优化控制策略,使波浪发电装置的运动频率与波浪的运动频率达到共振,对于提高波浪发电装置的运行效率具有十分重要的意义。目前,如何能够提高波浪发电装置的运行效率,从而最大化地把波浪能转换成电能,依然存在诸多技术难题。其中,主要技术难题就是波浪发电装置与波浪之间的相对运动匹配问题。为了提高波浪发电装置的运行效率,部分学者分别从浮筒和直线发电机的角度,进行了波浪发电装置的优化控制研究。

Henriques 等提出的基于浮筒运动过程的最大功率点跟踪策略,使波浪发电装置的动浮筒运动速度与其受到的垂直方向波浪力达到同步,称为锁存控制。图 1-10 为规则波浪环境下的锁存控制示意图。一个波浪周期内,在动浮筒受到的垂直方向波浪力较小的情况下,动浮筒被锁存;在动浮筒受到的垂直方向波浪力较大的情况下,动浮筒被解锁。锁存的作用是使动浮筒受到的垂直方向波浪力与速度的相位差为零,达到共振状态。但是从实践的角度,该方法主要存在以下两个问题:

(1)针对实际的海洋波浪(不规则波浪),无法界定锁存的最佳持续时间。

(2)只有在动浮筒的固有频率大于波浪频率的情况下,才适合采用锁存控制。

(3)在实际波浪环境下(不规则波浪),锁存控制方法的可行性有待进一步测试和分析。

Yeung 等提出了基于直线发电机的阻尼优化控制法。所谓阻尼优化控制法,是综合考虑了波浪发电装置在运行过程中的受力幅值、受力相位等参数,从理论的角度推导出一个基于发电机阻尼参数的背靠背变换器,从而实现波浪能转换成电能的最大化。Fusco 和 Quang 等采用时域控制方法,通过未来某一时间段内的波浪运动速度和闭环系统,实现波浪能转换成电能的最大化。但是,上述控制方法有两个缺点:一

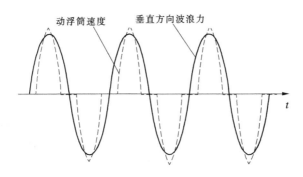

图 1-10 规则波浪环境下的锁存控制示意图

是其仅仅处于理论研究阶段,其控制方法的诸多细节之处,还有待进行详细分析和试验验证;二是没有考虑波浪发电装置在恶劣海洋环境中的安全稳定性。

我国在波浪发电装置优化控制领域的研究起步较晚,近年来从事波浪发电装置优化控制研究的有中科院广州能源所、清华大学、中科院电工研究所、天津大学、山东大学、哈尔滨工业大学、东南大学等。从当前研究概况来看,国内大多数研究焦点是浮筒的优化设计和控制,理论研究成果丰富。但是,受波浪运动环境、直线发电机性能、浮筒与直线发电机之间时刻变化的相互作用力等因素影响,目前主要处于理论分析和实验室环境下的样机测试阶段。因此,受波浪运动环境、直线发电机性能、浮筒与直线发电机之间时刻变化的相互作用力等因素影响,有必要从直线发电机控制的角度,进行波浪发电装置的运行效率研究。

由于海洋波浪环境是复杂多变的,尤其是在飓风、台风等恶劣海洋环境下,较大的海洋波浪运动幅值将会使波浪发电装置的运动幅值大于安全值,从而威胁到波浪发电装置的安全稳定性。本书作者攻读博士期间,亲身经历了波浪发电装置被夏季台风摧毁的过程,详见本书第5章所述。并且国内外的各种波浪发电装置均发生过被恶劣海洋环境破坏的现象。因此,非常有必要采取优化控制策略,使波浪发电装置的运动幅值始终小于最大安全值,从而保障波浪发电装置在海洋环境中的安全稳定性。

1.6　波浪发电系统发展过程中面临的问题和机遇

　　根据上述波浪发电技术的国内外研究现状可知,发电机的结构和性能优化设计、波浪发电系统运行效率和安全稳定性的优化控制,都是波浪发电技术领域的重要课题,需要进行深入探索。波浪发电系统发展过程中,面临的科学技术问题与机遇包括以下几点:

　　(1)由于波浪的波高和周期是时刻变化的,这必然对波浪发电用发电机的结构设计、材料选取和性能优化产生深远影响。因此,需要深入研究符合波浪运动特性的高性能发电机,尤其是直线发电机。

　　(2)本书研究的直线发电机控制技术,是波浪发电系统动态优化控制的核心技术。该控制技术不仅涉及电力电子器件的选取、控制电路的设计、保护电路的设计、动态参数的计算等问题,还需要考虑其应用的环境。并且只有采用适当的控制策略,才能使直线发电机的运行过程符合波浪发电系统对高效率和高安全稳定运行的要求。

　　(3)波浪发电系统的优化控制技术研究,涉及电力电子、机械振动、波浪运动、自动控制等诸多领域。因此,只有在多学科知识融合和全面探索的情况下,才能切实提高波浪发电系统在海洋波浪中的高效率和安全稳定运行。

　　(4)从我国"十三五"规划提出促进海洋经济发展,到党的十九大提出加快海洋强国建设,这些伟大目标的实现,必然需要充足的能源支持。这为波浪发电技术的研究和发展带来政策性机遇。

1.7　波浪发电系统研究的重要意义

　　我国的海岸线北起吉林省长白山南麓的鸭绿江口,南至广西壮族自治区东兴市的北仑河口,拥有 3.2 万 km 的海岸线和 300 多万 km² 的海域面积。所以,我国海洋波浪能的储量异常丰富,特别是长江口以南的海域。

我国沿海波浪能全年的平均密度介于 $3 \sim 15 \ kW/m^2$,把双浮筒漂浮式波浪发电系统应用于我国沿海波浪能的开发,具有非常重要的意义。并且,双浮筒漂浮式波浪发电系统具有对周围环境无污染、易于投放安装和后期维护、运行状况稳定等优点,尤其适用于江苏沿海的波浪发电。

双浮筒漂浮式波浪发电系统可以向其周围的岛屿提供电力输送,这样将会节省从岸边向岛屿布设电力输送网络的高额成本投入,具有重要的能源战略意义和经济效益。

进行双浮筒漂浮式波浪发电系统的研究,可以实现多学科(电气工程、海洋波浪动力学、机械振动、数据信息采集和通信)之间的交叉和渗透,为推动我国的波浪发电技术开发和利用,实现我国海洋经济的可持续发展,具有十分重要的理论和实践意义。

另外,可以根据目标海域的常年海洋波浪特性,实现双浮筒漂浮式波浪发电系统结构的初步优化设计;研究双浮筒漂浮式波浪发电系统的系统材料组成,可以实现抗击海水的腐蚀特性;研究双浮筒漂浮式波浪发电系统的永磁直线发电机设计和优化,可以从一定程度上降低能量传递过程的损耗,进而提高波浪发电系统的运行效率;研究双浮筒漂浮式波浪发电系统的优化控制问题,可以最大化地把波浪能转换成电能,从而从整体上提高系统的抗风浪冲击能力和运行效率。

波浪发电系统在电能输出和利用方面,主要解决方式是:采用由超级电容和蓄电池组成的混合储能系统,不仅可以对波浪发电系统的功率波动进行补偿,而且可以把波浪发电系统输出的电能输送到公网(电网)。其关键核心点是:超级电容和蓄电池组分别通过一个双向 AC/DC 变换器与波浪发电装置在直流侧并联,可以实现对两种储能设备的独立控制,维持直流母线电压稳定,具有能量管理灵活的优点。有关波浪发电系统输出电能的处理和远距离传输,可以借鉴目前较为成熟的风电输能技术,图 1-11 为波浪发电系统输出电能至电网的控制策略框图,其包含了使波浪发电系统输出功率达到平稳的控制方法。

结合图 1-11,参考文献[83]中采用控制策略的步骤为:

(1)通过基于 ARMA 模型的海洋波浪波高预测方法,实时预测未

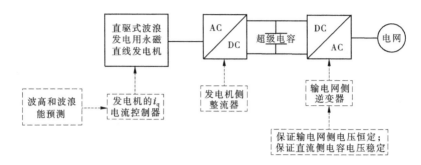

图1-11 波浪发电系统输出电能至电网的控制策略框图

来1~2 s的海洋波浪波高变化趋势。ARMA预测模型的过程是:首先消除海洋波浪波高历史数据的不平稳性,然后计算海洋波浪波高历史数据的自相关系数和偏相关函数,根据自相关系数和偏相关函数计算ARMA模型的自回归阶数和移动平均阶数,最后根据ARMA预测模型的基本表达式 $X_t = \varphi_1 X_{t-1} + \varphi_2 X_{t-2} + \cdots + \varphi_p X_{t-p} - \theta_1 \varepsilon_{t-1} - \theta_2 \varepsilon_{t-2} - \cdots - \theta_q \varepsilon_{t-q}$,计算未来1~2 s的海洋波浪波高变化趋势。其中,p 和 q 为ARMA预测模型的自回归阶数和移动平均阶数;φ 和 θ 为不为零的待定系数;ε_t 为独立的误差项;X_t 为平稳、正态和零均值的海洋波浪波高的时间序列。

(2)根据步骤(1)预测到的未来1~2 s海洋波浪波高实时变化趋势,通过式 $E_t = \rho g X_t^2 / 16$ 计算在 t 时刻的单位面积海洋波浪能。其中,ρ 为海洋波浪的密度,g 为重力加速度。

(3)根据步骤(2)和海洋波浪发电机的工作效率,可以计算得到海洋波浪发电机输出的电能 $E_G = E_t \times d_1\% \times d_2\%$,其中,$d_1\%$ 为在 t 时刻海洋波浪发电机的工作效率,$d_2\%$ 为海洋波浪能转换成电能的效率。然后,可以通过式 $E_G = -\dfrac{3}{2} \dfrac{\pi \psi}{\tau} i_q$ 调整海洋波浪发电机q轴电流 i_q 的大小,进而保障海洋波浪发电机的输出功率达到平稳的目的。其中,ψ 为海洋波浪发电机的磁链,τ 为海洋波浪发电机的极距。

工作时,海洋波浪发电机分别通过整流器(AC—DC)连接至直驱式波浪发电系统的内部直流母线,直流母线又通过逆变器(DC—AC)

连接至输电网络。其中,整流器(AC—DC)和逆变器(DC—AC)均采用解耦控制策略;输电网侧的逆变器(DC—AC)是为了保证直流侧电容电压和输电网络电压的恒定;海洋波浪发电机 q 轴电流 i_q 控制器的目的是实现发电机输出功率的平稳。

综上 3 个步骤,在不增添电能储能设备的情况下,通过调整海洋波浪发电机 q 轴电流 i_q 的大小,使海洋波浪发电机的输出功率达到平稳,从而有利于电能的稳定传输和并网。

1.8 本书的研究内容和结构

目前研究靠岸式波浪发电系统的国内外科研机构很多,相关的文献资料和报道也较为丰富。而对于双浮筒漂浮式波浪发电系统,国内外尚未有较为详细的、全面的理论研究和试验分析。基于国内外研究成果的不足,并推动双浮筒漂浮式波浪发电系统的发展和市场化建设,本书从双浮筒漂浮式波浪发电系统的结构形式、工作原理、理论分析、模型建立、加工制造、运行效率及优化控制等方面做了较为全面的系统研究。将合理的系统设计和先进的优化控制应用于双浮筒漂浮式波浪发电系统,为最大化地把海洋波浪能转换成电能奠定基础。

1.8.1 研究内容

(1)总体阐述目前国内外对于漂浮式波浪发电系统的研究状况,对漂浮式波浪发电系统的种类做了简要的介绍。从波浪运动力学和机械振动学的角度,给出了目前研究浮筒与波浪相互作用的几种方法。此外,分析了旋转发电机和直线发电机在波浪发电系统运行过程中的优缺点。在此基础上,根据我国沿海波浪能年平均密度分布,提出了适合我国进行研究和发展的双浮筒漂浮式波浪发电系统。

(2)分析单浮筒波浪发电系统在实验室波浪水槽环境中的运行状况。首先,介绍了实验室波浪水槽的工作原理。其次,采用频域法研究浮筒所受到的垂直波浪力,以及浮筒与波浪之间产生的衍射力。接着阐述了浮筒在波浪中受到的垂直附加质量和阻尼系数解析计算过程。

最后,根据浮筒在波浪中的垂直方向受力分析、垂直附加质量和阻尼系数,解析计算浮筒的垂直运动速度和位移,并优化浮筒的结构尺寸和重量,使浮筒与实验室波浪水槽的波浪运动达到共振状态。单浮筒波浪发电系统的实验室建模,为双浮筒漂浮式波浪发电系统的设计提供了方案指导;单浮筒波浪发电系统的试验结果与仿真结果的比较,表明永磁直线发电机齿槽力优化设计的必要性。

(3)通过单浮筒波浪发电系统在波浪水槽的试验结果分析,优化波浪发电用圆筒型永磁直线发电机的电磁参数。首先,建立圆筒型永磁直线发电机的结构模型,采用磁路法和基尔霍夫定律,解析计算圆筒型永磁直线发电机的漏磁系数,并与有限元计算结果相比较,验证解析计算方法的准确性。其次,根据圆筒型永磁直线发电机的端部气隙磁场分布系数,从解析计算的角度推导出一种减小圆筒型永磁直线发电机齿槽力的方法。最后,提出一种改进的许 – 克变换解析计算方法,分析圆筒型永磁直线发电机的气隙磁场分布,并与有限元法计算的气隙磁场分布结果做比较,验证改进的许 – 克变换解析计算方法的准确性。采用改进的许 – 克变换解析计算方法,可以在较短时间内实现圆筒型永磁直线发电机尺寸结构的初步优化设计,为进一步的精确(采用数值计算法)优化设计奠定基础。

(4)根据格林函数和 Froude-Krylov 力,解析计算外浮筒和内浮筒在垂直方向的运动过程,从而导出了双浮筒漂浮式波浪发电系统的工作原理。根据海试试验投放地点的海洋波浪环境,优化设计了外浮筒和内浮筒的尺寸及重量;考虑到海水的腐蚀特性,采用超高分子量聚乙烯(具有较好的抗海水腐蚀能力)作为加工外浮筒和内浮筒的原材料;选择 Halbach 充磁方式的圆筒型永磁直线发电机作为双浮筒漂浮式波浪发电系统的能量转换单元;选择基于 GPRS 网络和 Internet 网络通信方式的数据采集和通信系统,实现双浮筒漂浮式波浪发电系统运行状态的监测和管理工作;分析了双浮筒漂浮式波浪发电系统的系泊方式,选择既简单又合理的系泊方式,保障双浮筒漂浮式波浪发电系统的正常运行。

(5)首先,详细阐述了外浮筒和内浮筒的建造过程,并在静水中对外浮筒的稳定性做了初步的测试,为顺利实施双浮筒漂浮式波浪发电系统的海试试验提供了良好的基础条件。其次,针对圆筒型永磁直线发电机、数据采集和通信模块,以及整个双浮筒漂浮式波浪发电系统的组装,做了简要的描述。最后,采用静水测试和发电测试两种方式,对双浮筒漂浮式波浪发电系统进行了海试试验。静水测试是发电测试的前提和基础。在静水测试的过程中,有利于发现问题并解决问题,为发电测试提供丰富的经验积累和方案指导。

(6)首先,分析了灰色预测法、BP 神经网络预测法、自回归预测法和移动平均预测法的优缺点,并在此基础上采用自回归移动平均模型(ARMA)预测未来某一时间段内的海洋波浪垂直方向速度。其次,根据永磁直线发电机的负载力 $\hat{F}_{\text{ul}}$,对负载情况下的双浮筒垂直方向速度进行了分析。最后,基于对海洋波浪垂直方向速度的预测,采用内模PID 法优化双浮筒漂浮式波浪发电系统在负载情况下的运行状态,使双浮筒漂浮式波浪发电系统的外浮筒始终与入射波浪处于共振状态,进而可以最大化地把波浪能转换成电能。

(7)在前期科研成果的基础上,根据浮筒受力与运行速度之间的相位差,以及浮筒阻尼系数与发电机输出电磁力之间的关系,研究基于改进型直线发电机的双浮筒波浪发电系统分区域动态优化控制技术。在完善的理论研究和前期实践的基础上,组建双浮筒波浪发电系统的成套系统,并制定海试试验规划,为提高双浮筒波浪能发电装置的运行效率和安全稳定性奠定基础。

1.8.2 本书结构

第 1 章综述目前国内外对于漂浮式波浪发电系统的研究状况、浮筒与波浪相互作用的几种研究方法、旋转发电机和直线发电机在波浪发电系统运行过程中的优缺点,以及我国沿海波浪能年平均密度分布,并指出研究双浮筒漂浮式波浪发电系统对于我国波浪能开发和利用的重要意义。此外,还对本书的主要研究内容做了简要的概括。

第 2 章主要分析了单浮筒在波浪水槽中的运动特性。根据实验室波浪水槽的波浪运动特性、浮筒的垂直附加质量和阻尼系数,解析计算浮筒的垂直运动速度和位移。为了提高单浮筒波浪发电系统的运行效率,提出了浮筒的优化设计方法。通过试验,验证单浮筒波浪发电系统模型的准确性和合理性。

第 3 章利用磁路法和基尔霍夫定律,解析计算圆筒型永磁直线发电机的漏磁系数,并与有限元计算结果相比较。根据端部气隙磁场分布系数,推导出了减小波浪发电用圆筒型永磁直线发电机齿槽力的方法。提出了一种改进的许 – 克变换解析计算方法,用于分析圆筒型永磁直线发电机的气隙磁场分布,并与有限元法计算的气隙磁场分布结果做比较。

第 4 章利用格林函数理论和 Froude-Krylov 力,解析计算外浮筒和内浮筒在垂直方向的运动过程。从海试试验投放地点的海洋波浪运动特性、海水的腐蚀特性,永磁直线发电机的充磁方式、数据采集和通信模块,以及系泊方式,优化设计了双浮筒漂浮式波浪发电系统。

第 5 章详细阐述了外浮筒和内浮筒的建造过程,并在静水中对外浮筒的稳定性做了初步的测试。简要介绍了圆筒型永磁直线发电机、数据采集和通信模块,以及整个双浮筒漂浮式波浪发电系统的组装。采用静水测试和发电测试两种方式,对双浮筒漂浮式波浪发电系统进行了海试试验。

第 6 章建立自回归滑动平均模型(ARMA),预测未来某一时间段内的海洋波浪垂直方向速度。根据永磁直线发电机的负载力 $\hat{F}_{\mathrm{u}|}$,对负载情况下的双浮筒垂直方向速度进行了分析。采用内模 PID 法优化双浮筒漂浮式波浪发电系统在负载情况下的运行状态,使双浮筒漂浮式波浪发电系统的外浮筒始终与入射波浪处于共振状态,提高了双浮筒漂浮式波浪发电系统的运行效率。

第 7 章研究基于双边内置式 V 型永磁电机的双浮筒漂浮式波浪发电系统优化控制策略。首先,对永磁直线发电机的结构和运行性能进行优化设计,并提出双边内置式 V 型永磁直线发电机结构。其次,结合双浮筒波浪发电系统的运动特性,研究双边内置式 V 型永磁直线发电机的优化控制技术,使其运行速度和电磁力输出具有良好的目标值跟踪特性、干扰抑制特性和鲁棒性。最后,在双边内置式 V 型永磁直线发电机的优化控制技术的基础上,并结合双浮筒波浪发电系统的相位动态分区和阻尼系数,进行理论分析,从而为双浮筒波浪发电装置的运行效率和安全稳定性提供技术支持。此外,也阐述了其他几类可以应用到波浪发电技术领域的发电机。

第 8 章是对本书的总结和展望。

参考文献

[1] Zabihian F, Fung A S. Review of marine renewable energies: Case study of Iran [J]. Renewable & Sustainable Energy Reviews, 2011, 15(5): 2461-2474.

[2] Lin L, Yu H. Offshore wave energy generation devices: impacts on ocean bio-environment[J]. Acta Ecologica Sinica, 2012, 32(3): 117-122.

[3] Langhamer O, Haikonen K, Sundberg J. Wave power—Sustainable energy or environmentally costly? A review with special emphasis on linear wave energy converters [J]. Renewable and Sustainable Energy Reviews, 2010, 14(4): 1329-1335.

[4] Margheritini L, Hansen A M, Frigaard P. A method for EIA scoping of wave energy converters—based on classification of the used technology [J]. Environmental Impact Assessment Review, 2012, 32(1): 33-44.

[5] Bernhoff H, Sjostedt E, Leijon M. Wave energy resources in sheltered sea areas: a case study of the Baltic Sea[J]. Renewable Energy, 2006, 31(13): 2164-2170.

[6] Henfridsson U, Neimane V, Strand K, et al. Wave energy potential in the Baltic Sea and the Danish part of the North Sea, with reflections on the Skagerrak[J]. Renewable Energy, 2007, 32(12): 2069-2084.

[7] Falnes J. A review of wave-energy extraction[J]. Marine Structures, 2007, 20(4): 185-201.

[8] Clement A, McCullen P, Falcao A, et al. Wave energy in Europe: current status and perspectives [J]. Renewable & Sustainable Energy Reviews, 2002, 6(5): 405-431.

[9] Joubert J R. An investigation of the wave energy resource on the South African

coast, focusing on the spatial distribution of the south west coast [D]. Stellenbosch,University of Stellenbosch,2008.

[10] Barstow S,Gunnar M,Mollison D,et al. The Wave Energy Resource[M]. Berlin, Springer,2008.

[11] Pontes M T,Cavaleri L, Mollison D. Ocean waves：energy resource assessment [J]. Marine Technology Society Journal,2002,36(4)：42-52.

[12] 游亚戈,李伟,刘伟民,等.海洋能发电技术的发展现状与前景[J].电力系统自动化, 2010,34(14)：1-12.

[13] Masuda Y, Xianguang L, Xiangfan G. High performance of cylinder float backward bent duct buoys (BBDB) and its use in European seas [C] // Proceedings of the 1st European Wave Energy Symposium,1993(1)：323-337.

[14] Masuda Y,Kuboki T. Prospect of economical wave power electric generator by the terminator backward bent duct buoy (BBDB) [C] // Proceedings of the 12th International Offshore and Polar Engineering Conference,2002(12)：26-31.

[15] Waters R,Stålberg M,Danielsson O,et al. Experimental results from sea trials of an offshore wave energy system [J]. Applied Physics Letters, 2007, 90 (3)：034105.

[16] Falcão A F D. Wave energy utilization：A review of the technologies [J]. Renewable & Sustainable Energy Reviews,2010,14(3)：899-918.

[17] Chen Z X,Yu H T,Hu M Q. A Review of Offshore Wave Energy Extraction System[J]. Advances In Mechanical Engineering, 2013(4)：623020.

[18] Drew B,Plummer A R,Sahinkaya M N. A review of wave energy converter technology[J]. Proceedings of the Institution of Mechanical Engineers A,2009, 223(8)：887-902.

[19] Halliday J R,Dorrell D G. Review of wave energy source and wave generator developments in the UK and the rest of the world[C] // Proceedings of the Fourth IASTED International Conference on Power and Energy Systems, 2004 (1)： 76-83.

[20] Pizer D J,Retzler C,Henderson R M,et al. Pelamis WEC—recent advances in the numerical and experimental modeling programme[C] // Proceedings of 6th European Wave Tidal Energy Conference,2005(6)：373-378.

[21] Yemm R P. Ocean wave energy[M]. Berlin,Springer,2008.

[22] 孙晓晶. 第二届全国海洋能学术研讨会论文集[C]. 2009：94-101.

[23] Bhatta D D, Rahman M. On scattering and radiation problem for a cylinder in water of finite depth[J]. International Journal of Engineering Science, 2003, 41(9):931-967.

[24] 郑艳娜. 波浪与浮式结构物相互作用的研究[D]. 大连: 大连理工大学, 2006.

[25] 王志瑜. 双浮筒浮防波堤水动力数值研究[D]. 大连: 大连理工大学, 2011.

[26] Tarik S, Sander C. Hydrodynamic coefficients for vertical circular cylinders at finite depth[J]. Ocean Engineering, 1981, 8(1):25-63.

[27] Yeung R W. Added mass and damping of a vertical cylinder in finite-depth waters[J]. Applied Ocean Research, 1981, 3(3):119-133.

[28] McCormick M E. Ocean Wave Energy Conversion[M]. New York, Wiley, 1981.

[29] E. Håvard. Hydrodynamic parameters for a two-body axisymmetric system[J]. Applied Ocean Research, 1995(17):103-115.

[30] 刘应中, 缪国平. 海洋工程水动力学基础[M]. 北京: 海洋出版社, 1991.

[31] 吴必军. 浮式圆柱波能装置水动力计算及能量稳定控制研究[D]. 合肥: 中国科学技术大学, 2005.

[32] 罗敏莉. 强迫运动柱体附加质量与阻尼系数的 CFD 计算[D]. 武汉: 武汉理工大学, 2011.

[33] 朱仁传, 郭海强, 缪国平, 等. 一种基于 CFD 理论船舶附加质量与阻尼的计算方法[J]. 上海交通大学学报, 2009, 43(2):198-203.

[34] 胡俊明. 基于 Fluent 的波浪辐射与绕射问题数值模拟研究[D]. 哈尔滨: 哈尔滨工程大学, 2011.

[35] 文圣常. 波浪理论与计算原理[M]. 北京: 科学出版社, 1984.

[36] 竺艳容. 海洋工程波浪力学[M]. 天津: 天津大学出版社, 1984.

[37] Falnes J. Ocean Waves and Oscillating Systems[M]. Cambridge: Cambridge University Press, 2002.

[38] Raghunathan S. The Wells air turbine for wave energy conversion[J]. Progress in Aerospace Sciences, 1995, 31(4):335-386.

[39] Setoguchi T, Santhakumar S, Maeda H, et al. A review of impulse turbines for wave energy conversion[J]. Renewable Energy, 2001, 23(2):261, 92.

[40] Falcão A F D. Modelling and control of oscillating-body wave energy converters with hydraulic power take-off and gas accumulator[J]. Ocean Engineering, 2007, 34(14-15):2021-2032.

[41] Taylor J M R, N J. Design and construction of the variable-pitch air turbine for the Azores wave power plant[C] // Proceedings of 3rd European Wave Energy Conference, 1998(1):328-337.

[42] O'Sullivan D L, Lewis T. Electrical machine options in offshore floating wave energy converter turbo generators [C] // Proceedings of the Tenth World Renewable Energy Conference, 2008(10):1102-1107.

[43] 赵智博. 双转子水轮机的流固耦合振动分析[D]. 哈尔滨:哈尔滨工程大学,2012.

[44] Baker N J, Mueller M A, Brooking P R M. Electrical power conversion in direct drive wave energy converters [C] // Proceedings of the 5th European Wave Energy Conference,2003.

[45] Gardner F E. Learning experience of AWS pilot plants test offshore Portugal[C] // Proceedings of the 6th European Wave Energy Conference,2005(6):149-154.

[46] Prudell J, Stoddard M, Amon E,et al. A novel permanent magnet tubular linear generator for ocean wave energy [J]. IEEE Energy Conversion Congress and Exposition,2009:3641-3646.

[47] Mueller M A. Electrical generators for direct drive wave energy converters[J]. IEEE Proceedings on Generation,Transmission and Distribution,2002,149(4):446-456.

[48] Calado M R A, Godinho P M C, Mariano S J P S. Design of a new linear generator for wave energy conversion based on analytical and numerical analyses [J]. Journal of Renewable and Sustainable Energy,2012,4(3):033117.

[49] Yu H T, Liu C Y,Yuan B,et al. A permanent magnet tubular linear generator for wave energy conversion[J]. Journal of Applied Physics,2012,111(7):07A741.

[50] Jing H,Maki N,Ida T,et al. Design study of large-scale HTS linear generators for wave energy conversion[J]. IEEE Transactions on Applied Superconductivity,2017,27(4):1-5.

[51] Farrok O, Islam M R, Sheikh M R I,et al. A novel superconducting magnet excited linear generator for wave energy conversion system[J]. IEEE Transactions on Applied Superconductivity,2016,26(7):1-5.

[52] Huang L, Liu J, Yu H, et al. Winding configuration and performance investigations of a tubular superconducting flux-switching linear generator[J]. IEEE Transactions on Applied Superconductivity,2015,25(3):1-5.

[53] Qu Ronghai, Liu Yingzhen, Wang Jin. Review of Superconducting Generator Topologies for Direct-Drive Wind Turbines[J]. IEEE Transactions on Applied Superconductivity,2013,23(3):5201108.

[54] Kajikawa K,Osaka R,Kuga H,et al. Proposal of new structure of MgB$_2$ wires with low AC loss forstator windings of fully superconducting motors located in iron core slots[J]. Physica C Superconductivity,2011,471(21-22):1470-1473.

[55] Keysan O, Mueller M A. Superconducting generators for renewable energy applications[J]. IET Conference on Renewable Power Generation,2011(1): 1-6.

[56] 张绪红,李晓航,杜晓纪. MgB$_2$超导圆线基底交流损耗的计算分析[J]. 低温物理学报,28(4):353-358.

[57] Michael Tomsic,Matthew Rindfleisch,Yue Jinji,et al. Development of magnesium diboride (MgB$_2$)wires and magnets using in situ strand fabrication method[J]. Physica C:Superconductivity and its Applications,2007,456(1-2):203-208.

[58] 闻海虎. 新型超导体二硼化镁(MgB$_2$)基础研究及其应用展望[J]. 物理, 2003,32(5):325-326.

[59] Terao Y, Sekino M, Ohsaki H. Electromagnetic design of 10 MW class fully superconducting windturbine generators [J]. IEEE Transactions on Applied Superconductivity,2012,22(3):5201904.

[60] Brooking P R M , Mueller M A. Power conditioning of the output from a linear vernier hybrid permanent magnet generator for use in direct drive wave energy converters[J]. IEE Proc. Gener. Transm. Distrib,2005,152 (5):673-681.

[61] Li Wenlong , Chau K T, Jiang J Z, Application of Linear Magnetic Gears for Pseudo-Direct-Drive Oceanic Wave Energy Harvesting[J]. IEEE Transactions on Magnetics,2011,47(10):2624-2627.

[62] Rao S S. 机械振动[M]. 李欣业,张明路,译. 4 版. 北京:清华大学出版社,2009.

[63] 向志坚.一种波浪发电装置的非线性动力学分析[D]. 哈尔滨:哈尔滨工业大学,2012.

[64] Falnes J. A review of wave-energy extraction[J]. Marine Structures, 2007, 20 (4):185-201.

[65] 李俊. 主动共振波能发电控制系统关键技术的研究[D]. 武汉:武汉科技大学,2016.

[66] 史宏达,曹飞飞,马哲,等. 振荡浮子式波浪发电装置物理模型试验研究[J]. 海洋技术学报,2014,33(4):98-104.

[67] Falnes J. Ocean waves and oscillating systems [M]. Cambridge: Cambridge University Press,2002.

[68] Henriques J C C,Lopes M F P,Gomes R P F,et al. On the annual wave energy absorption by two-body heaving WECs with latching control [J]. Renewable Energy,2012,45(3):31-40.

[69] Sheng W, Alcorn R, Lewis A. On improving wave energy conversion, part II: development of latching control technologies[J]. Renewable Energy,2015(75): 935-944.

[70] Feng Z, Kerrigan E C. Latching declutching control of wave energy converters using derivative-free optimization[J]. IEEE Transactions on Sustainable Energy, 2015,6(3):773-780.

[71] Andrade D E A M,Jaén A D L V,Santana A G. Improvements in the reactive control and latching control strategies under maximum excursion constraints using short-time forecast[J]. IEEE Transactions on Sustainable Energy,2017,7(1): 427-435.

[72] Son D,Yeung R W. Real-time implementation and validation of optimal damping control for a permanent-magnet linear generator in wave energy extraction[J]. Applied Energy,2017,208(15):571-579.

[73] Korde U A. On a near-optimal control approach for a wave energy converter in irregular waves[J]. Applied Ocean Research,2014,46(46):79-93.

[74] Ding B,Cazzolato B S,Arjomandi M,et al. Sea-state based maximum power point tracking damping control of a fully submerged oscillating buoy [J]. Ocean Engineering, 2016(126):299-312.

[75] Fusco F, Ringwood J V. A simple and effective real-time controller for wave energy converters[J]. IEEE Transactions on Sustainable Energy,2013,4(1): 21-30.

[76] Quang T D,Ahn K K,Yoon J I,et al. Design of a modified grey model MGM(1,1) for real-time control of wave energy converters[C]// International Conference on Control, Automation and Systems. IEEE,2011:1606-1611.

[77] 王坤林,盛松伟,叶寅,等. 波浪能装置中液压发电系统 Boost 变换机理及控制策略[J]. 电力系统自动化,2017,41(12):173-178.

[78] 陈文创,张永良.筏式波浪能装置波能转换液压能效率的数值研究[J].水力发电学报,2013,32(5):191-196.

[79] 张庆贺.液态金属磁流体波浪发电装置电能变换系统的研究与设计[D].北京:中国科学院大学,2016.

[80] 孟镇,梁浩,白洋,等.浮子式波浪发电系统的转速滑模控制[J].电力系统及其自动化学报,2016,28(11):130-134.

[81] 彭建军.振荡浮子式波浪发电装置水动力性能研究[D].济南:山东大学,2014.

[82] 张亮,国威,王树齐.一种点吸式波浪能装置水动力性能优化[J].哈尔滨工业大学学报,2015,47(7):117-121.

[83] 余海涛,陈中显,胡敏强,等.一种直驱式海洋波浪发电机输出功率的平稳方法[P].中国:CN201410291419.7.2014-10-01.

第2章　单浮筒波浪发电系统模型和试验

2.1　引　言

研究单浮筒波浪发电系统在实验室波浪水槽环境中的运行状况，有利于把理论分析和实践相结合，积累较为丰富的数据材料和经验，为双浮筒漂浮式波浪发电系统的海试试验奠定基础。

本章将结合实验室波浪水槽，阐述规则波浪(线性波浪)的工作原理，揭示浮筒在规则波浪中产生的辐射现象，进而通过解析法计算浮筒在具体周期波浪情况下的垂直附加质量和阻尼系数。通过浮筒在波浪中的垂直受力分析，以及结合圆筒型永磁直线发电机的电磁力，计算浮筒在波浪中的垂直运动速度和位移。浮筒在波浪中的垂直运动速度式表明，可以通过优化浮筒的尺寸和重量，使浮筒和波浪的垂直运动达到共振，进而提高单浮筒波浪发电系统的运行效率。采用有限元法计算单浮筒波浪发电系统输出的电压波形，并与试验结果做比较，验证理论分析的正确性。此外，单浮筒波浪发电系统的理论分析和试验分析结果表明，圆筒型永磁直线发电机的优化设计，尤其是其齿槽力的最小化设计，对于整个发电系统的高效运行是十分重要的。

2.2　规则波浪的特点

自然界中有许多不同类型的波。除可见的海洋和湖泊表面的水波外，还有声波、光波和其他电磁波。本小节从总体上简单地描述规则波浪，并将其与其他类型的波相比较。

在三维空间里，水波、声波和真空中的电磁波一样，都可能会沿着任意方向传播。例如沿管道传播的水波、沿圆柱形结构体传播的声波或电磁波。然而,在有些情况下,波的若干物理量(压力、速度、电场和磁场等)在与其传播方向的垂直方向上可能会发生变化。

声波的势能与波传播介质的弹性有关,水波的势能取决于水的重力和表面张力。因为水波的传播速度相比声音在水中的速度要慢,所以可以忽略水弹性的影响。由于重力的存在,水波从波谷到波峰产生了势能。当波浪与空气的接触面积增大时,其克服表面张力所做的功就会转化成势能。对于波长在 0.001 ~ 0.1 m 的波来说,这两种势能都重要。对于短波(毛细波),重力的影响可以忽略。对于长波(重力波),表面张力可以忽略。一般情况下,针对波浪发电技术,只研究波长超过 0.25 m 的水波。如果波随时间的变化是正弦变化的,也可将海洋波浪视作"规则波"(实际上,海洋波浪不是规则波)。

在下一小节中,将会描述规则波在波浪水槽中的运行过程。本小节先介绍几个基本的规则波特性参数,作为下一小节内容的铺垫。

通常情况下,水中的波浪是散射的。在深水中,波的关系为

$$\omega^2 = gk \tag{2-1}$$

式中:g 为重力加速度;ω 为频率;k 为水深。

利用波的散射理论,可知波的相速度为

$$v_p = \omega/k = g/\omega = \sqrt{g/k} \tag{2-2}$$

在区分相速度和群速度的情况下,假设散射关系 $F(\omega, k) = 0$,其中 F 是两个变量的一个可微函数。此时,群速度可以定义为

$$v_g = \frac{\mathrm{d}\omega}{\mathrm{d}k} = -\frac{\partial F/\partial k}{\partial F/\partial \omega} \tag{2-3}$$

群速度可以理解为深水波能量传递的速度。

2.3 波浪水槽的工作原理

2.3.1 波浪水槽的结构

所谓波浪水槽,就是在实验室环境条件下,用科学的方法模拟海洋波浪运动规律的装置。通过观测和分析水槽中的波浪与浮体之间的相互作用,为未来在实际海况环境下制订波浪发电试验方案提供参考。

波浪水槽的基本结构示意如图 2-1（a）所示，其实物如图 2-1（b）所示。在水平振动板的作用下，水槽内的水质点可以以正弦波、椭圆波，以及不规则波的形式向 x 方向传播。

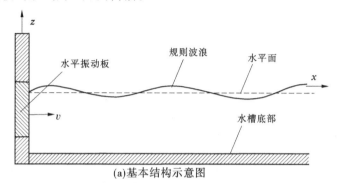

(a)基本结构示意图

(b)实物图

图 2-1　波浪水槽的基本结构

　　考虑到实际情况，波浪水槽在 x 正方向的延伸不可能无限长。在这种情况下，当波浪到达水槽的 x 正方向末端槽壁时，必然会出现严重的波浪反射现象，这与实际海洋波浪是不相符的。与此同时，由于波浪的自身流体特性，水平振动板的水平振动频率并不可能与水槽波浪的频率完全同步，因此位于水平振动板附近的波浪也会出现反射现象。为了尽量真实地模拟海洋波浪的运动现象，目前主要采用优化控制水平振动板的方法来消除水槽中的波浪反射现象。

　　Bulofkc 等采用楔形振动板的方式消除波浪水槽的反射波，其通过安装在楔形振动板上的波高测试仪实时监测波高变化的情况,并使用一个滤波系统把波高的非合理变化数据转化成楔形振动板运行的修正数据,进而实现波浪水槽中的波浪做规则性变化的目的。此外,天津大学的王崇贤等采用 Forrtna 和 Delphi 混合编程技术设计了一套消除波浪反射的控制系统,该控制系统以伺服电机带动振动板进行反复运动,并采取 Hiblert 变换理论消除水槽波浪入射波的反射现象。

本书研究用的实验室波浪水槽不仅采用优化控制水平振动板的方法消除波浪的反射现象,而且在波浪水槽的 x 正方向末端采用斜坡的结构形式,进一步模拟真实的岸边海床结构,减弱波浪反射现象对波浪水槽正常运行的影响。此外,在条件允许的情况下,尽可能地增加波浪水槽在 x 正方向的长度,也可以从一定程度上消弱波浪反射现象对波浪水槽正常运行的影响。

2.3.2　波浪水槽的运动特性

图 2-1(a)所示的波浪水槽中,波浪可以视作是以小振幅形式进行规则地波动,并沿着 x 的正方向传播。其波面方程 $\hat{\eta}(x,t)$ 与位置坐标 x 和时间 t 的关系是具有规律性的。根据波浪流体力学的 5 种基本假设:①波浪流体是不可压缩的、无黏性的;②势能理论可以用来分析波浪流体的运动特性;③波浪流体只受到地球的吸引力;④波浪表面的压强与常规大气压强一致;⑤波浪水槽的底部是平坦硬质的。采用频域分析法,水槽中的正弦波浪波面方程可以描述为

$$\hat{\eta}(x,t) = \hat{A}\cos(kx - \omega t) \tag{2-4}$$

式中:符号"^"表示频域模式;$\hat{A}$ 为波面的复振幅;k 为波面的波数(L 为波浪的波长),$k = 2\pi/L$;ω 为波浪的角频率,$\omega = 2\pi/T$(T 为波浪的周期)。

根据势能理论的边界条件

$$\hat{\eta} = -\frac{1}{g}\frac{\partial\hat{\varphi}}{\partial t}\Big|_{z=0} \tag{2-5}$$

式中:g 为重力加速度;$\hat{\varphi}$ 为波浪的速度势。

由式(2-2)可得 $z = \eta = 0$ 处的速度势

$$\hat{\varphi}\big|_{z=\eta=0} = \frac{g\hat{A}}{\omega}\sin(kx - \omega t) \qquad (2\text{-}6)$$

根据波浪运动的特性,波幅 $\hat{\eta}(x,t)$ 随着波浪的深度增加而递减,所以波浪速度势的一般表达式为

$$\hat{\varphi} = \hat{A}(z)\sin(kx - \omega t) \qquad (2\text{-}7)$$

式中:$\hat{A}(z)$ 为水深变量 z 的函数。对式(2-7)的水深变量 z 和位置变量 x 进行二次微分可得

$$\frac{\partial^2 \hat{\varphi}}{\partial z^2} = \hat{A}''(z)\sin(kx - \omega t) \qquad (2\text{-}8)$$

$$\frac{\partial^2 \hat{\varphi}}{\partial x^2} = -k^2\hat{A}(z)\sin(kx - \omega t) \qquad (2\text{-}9)$$

针对图 2-1(a)所示的二维结构,把式(2-8)和式(2-9)代入二维拉普拉斯方程 $\dfrac{\partial^2 \hat{\varphi}}{\partial x^2} + \dfrac{\partial^2 \hat{\varphi}}{\partial z^2} = 0$ 可得

$$-k^2\hat{A}(z)\sin(kx - \omega t) + \hat{A}''(z)\sin(kx - \omega t) = 0 \qquad (2\text{-}10)$$

式中:$\sin(kx - \omega t)$ 不可能为零,所以

$$-k^2\hat{A}(z) + \hat{A}''(z) = 0 \qquad (2\text{-}11)$$

根据常微分方程理论,二阶常系数齐次线性方程式(2-11)的通解是

$$\hat{A}(z) = \hat{A}_1 e^{kz} + \hat{A}_2 e^{-kz} \qquad (2\text{-}12)$$

式中:$\hat{A}_1$ 和 $\hat{A}_2$ 为待求常数。把式(2-9)代入式(2-7)可得

$$\varphi = (\hat{A}_1 e^{kz} + \hat{A}_2 e^{-kz})\sin(kx - \omega t) \qquad (2\text{-}13)$$

在波浪水槽的水深有限的情况下,假设水深 $z = -H$,则根据势能

理论的边界条件 $\dfrac{\partial \hat{\varphi}}{\partial z}\big|_{z=-H}=0$ 可得

$$\frac{\partial \hat{\varphi}}{\partial z}\Big|_{z=-H}=k(\hat{A}_1 e^{-kH}-\hat{A}_2 e^{kH})\sin(kx-\omega t)=0 \qquad (2\text{-}14)$$

由式(2-14)可得 $\hat{A}_1=\hat{A}_2 e^{2kH}$，于是式(2-10)可以重新描述为

$$\begin{aligned}
\hat{\varphi} &= (\hat{A}_2 e^{2kH}e^{kz}+\hat{A}_2 e^{-kz})\sin(kx-\omega t)\\
&= \hat{A}_2 e^{kH}(e^{kH+kz}+e^{-kH-kz})\sin(kx-\omega t)\\
&= 2\hat{A}_2 e^{kH}\mathrm{ch}k(z+H)\sin(kx-\omega t) \qquad (2\text{-}15)
\end{aligned}$$

根据式(2-15)，得波浪波面($z=\eta=0$)的速度势为

$$\hat{\varphi}\big|_{z=\eta=0}=2\hat{A}_2 e^{kH}\mathrm{ch}kH\sin(kx-\omega t) \qquad (2\text{-}16)$$

式(2-16)与式(2-6)相比可以得到

$$2\hat{A}_2 e^{kH}=\frac{g\hat{A}}{\omega}\frac{1}{\mathrm{ch}kH} \qquad (2\text{-}17)$$

把式(2-17)代入式(2-15)可得

$$\hat{\varphi}=\frac{g\hat{A}}{\omega}\frac{\mathrm{ch}k(z+H)}{\mathrm{ch}kH}\sin(kx-\omega t) \qquad (2\text{-}18)$$

根据波浪流体力学的势能理论可知，波浪的速度是其速度势 $\hat{\varphi}$ 对位置变量 x (或水深变量 z)的微分。因此，基于式(2-18)，波浪水槽中任意水质点的水平速度和垂直速度可以表示为

$$\hat{v}_x=\frac{\partial \hat{\varphi}}{\partial x}=\frac{g\hat{A}k}{\omega}\frac{\mathrm{ch}k(z+H)}{\mathrm{ch}kH}\cos(kx-\omega t) \qquad (2\text{-}19)$$

$$\hat{v}_z=\frac{\partial \hat{\varphi}}{\partial z}=\frac{g\hat{A}k}{\omega}\frac{\mathrm{sh}k(z+H)}{\mathrm{ch}kH}\sin(kx-\omega t) \qquad (2\text{-}20)$$

由式(2-19)和式(2-20)可得，波浪水槽中某一 x 位置的水质点根据波浪频率 ω 作周期性的运动，并且其运动的幅度与水深 z 有关。一般地，在水深 z 大于波浪波长 L 的 $1/2$ 情况下，波浪水质点作圆周运动，如图 2-2(a)所示；在水深 z 小于波浪波长 L 的 $1/2$ 情况下，波浪水

质点作椭圆运动,如图 2-2(b)所示。

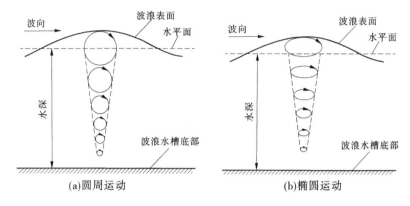

图 2-2　波浪水质点的运动示意图

　　也就是说,基于上述海洋波浪运动理论,海洋波浪呈简谐式的起伏振动。在深水区(海水深度大于海洋波浪周长的一半),海洋波浪的水质点将会以一定的速度作圆周形振荡运动,如图 2-2(a)所示。从图 2-2(a)可知,距离海平面越深的位置,水质点的振动幅度越小。基于水质点在海洋波浪中的运动特性原理,当漂浮在海洋波浪中的浮筒在吃水深度不同的情况下,其受到的垂直方向的海洋波浪力是不同的,进而使浮筒在垂直方向的运动幅度也是不同的,这就是双浮筒波浪发电系统的运行原理。

　　图 2-3(a)是双浮筒波浪发电装置的整体结构,外浮筒套在内浮筒的上端部,二者通过三脚架连接。图 2-3(b)是双边内置式 V 型永磁直线发电机的安装位置剖面图。根据波浪运动特性,浮筒的吃水深度越深,则浮筒受到的激振力 F_{exc}(垂直方向波浪力)越小,从而导致其在垂直方向的运动幅值越小。因此,在不同吃水深度和激振力 F_{exc} 的作用下,图 2-3(a)的外浮筒与内浮筒之间会产生相对运动速度 v_1,从而驱动安装在内浮筒上端部的直线发电机把波浪能转换成电能。图 2-3(b)中,L 是内浮筒和外浮筒之间的最大相对运动行程。可以根据波浪环境,合理设计内浮筒的吃水深度,使内浮筒受到的波浪力较小,并在阻尼盘的作用下,使内浮筒基本处于静止状态。

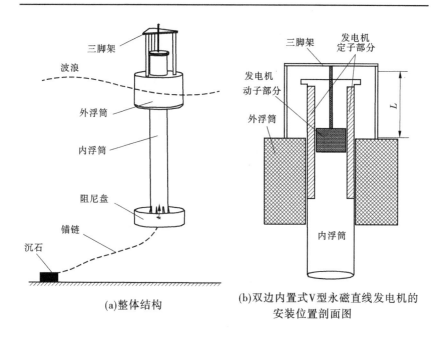

三脚架
波浪
外浮筒
内浮筒
阻尼盘
锚链
沉石

(a)整体结构

三脚架
发电机定子部分
发电机动子部分
外浮筒
内浮筒
L

(b)双边内置式V型永磁直线发电机的安装位置剖面图

图2-3　双浮筒波浪发电装置

2.4　单浮筒波浪发电系统建模

2.4.1　单浮筒波浪发电系统结构

　　根据实验室波浪水槽的结构等因素,单浮筒波浪发电系统的基本结构如图2-4所示。其中,浮筒与圆筒型永磁直线发电机的动子直接连接,圆筒型永磁直线发电机的定子固定在支架平台上。在圆筒型永磁直线发电机的动子两端,分别安装了挡块,其作用是限制动子与定子之间的相对运动幅值。

　　在入射波浪的作用下,浮筒将会因为受到垂直波浪力的作用而做垂直方向的往复运动,并直接驱动圆筒型永磁直线发电机的动子在垂直方向做往复运动。因此,圆筒型永磁直线发电机的动子和定子之间存在相对运动,使发电机的绕组(定子)能够切割永磁体(动子)产生的磁感线,从而感应电动势,最终把波浪能转换成电能。

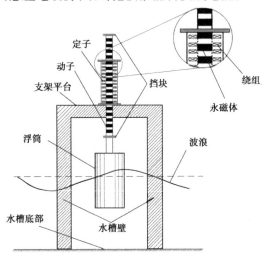

图2-4　单浮筒波浪发电系统的基本结构

2.4.2　单浮筒波浪发电系统运行过程

根据单浮筒波浪发电系统的基本结构组成,其运行过程主要是指浮筒在波浪垂直方向力作用下的运动过程,也即圆筒型永磁直线发电机的动子与定子之间的相对运动过程。分析浮筒在波浪垂直方向力作用下的运动过程,为单浮筒波浪发电系统的建模和仿真奠定基础。

2.4.2.1　浮筒的运动模式

漂浮在波浪中的浮筒,在波浪力的作用下,其运动模式主要有6种,分别是垂荡、首摇、横荡、纵摇、纵荡和横摇。图2-5是浮筒在笛卡儿直角坐标系内的6种运动模式。物体的6维自由运动或者摆动模式由6个分量来描述。例如一个船形狭长体,对于轴对称或其他非狭长体,不能明确区分运动模式3和模式5(模式4和模式6)。它们之间可以任意转换。然而,当存在沿 x 轴传播的入射波时,这种模棱两可的情况就不存在了。

在只有 x 方向的入射波浪情况下（y 方向没有波浪的运动），那么浮筒只有垂荡、纵荡和纵摇，这是波浪水槽中浮筒的主要运动模式。针对单浮筒波浪发电系统的结构和运行模式，本书着重从垂荡的角度分析浮筒运行过程。

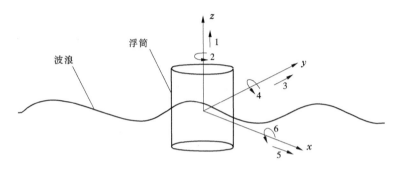

1—垂荡;2—首摇;3—横荡;4—纵摇;5—纵荡;6—横摇

图 2-5　浮筒在笛卡儿直角坐标系内的 6 种运动模式

2.4.2.2　浮筒的垂直方向受力分析

本节采用频域法，分析浮筒在波浪中所受到的垂直方向力。

1. 浮筒在固定情况下的垂直方向受力分析

如果浮筒固定在波浪中，那么入射波浪是浮筒能够受到垂直方向力的唯一原因。根据波浪流体力学的势能理论，可知压强 $\hat{P}$ 与波浪速度势 $\hat{\varphi}$ 的关系为

$$\hat{P} = -\mathrm{i}\omega\rho\hat{\varphi} \qquad (2\text{-}21)$$

式中：$\mathrm{i} = \sqrt{-1}$ 为虚数单位；ρ 为水体密度。

而根据压力和压强之间的关系 $\hat{F} = \hat{P}S$（S 是压强 $\hat{P}$ 作用于浮筒的面积，这里可以视作是浮筒的底面积），可得作用在浮筒底面积的垂直波浪力为

$$\hat{F}_z = -\iint\limits_S \hat{P}n_1\mathrm{d}S \qquad (2\text{-}22)$$

式中：n_1 为指向 z 轴坐标方向的法向量。

把压强式(2-21)代入垂直波浪力式(2-22),可得

$$\hat{F}_z = \mathrm{i}\omega\rho \iint\limits_{S} \hat{\varphi} n_1 \mathrm{d}S \qquad (2\text{-}23)$$

此外,由于波浪水质点到达固定的浮筒表面后,会发生衍射现象,所以固定的浮筒除受到垂直波浪力 $\hat{F}_z$ 的作用外,还要受到衍射力的作用。浮筒受到的衍射力可以是水平方向的,也可以是垂直方向的,这里主要考虑垂直方向的衍射力。根据波浪流体力学的势能理论,并假设衍射速度势为 $\hat{\varphi}_d$,则浮筒受到的垂直方向衍射力为

$$\hat{F}_d = \mathrm{i}\omega\rho \iint\limits_{S} \hat{\varphi}_d n_1 \mathrm{d}S \qquad (2\text{-}24)$$

因此,浮筒在固定的情况下所受到的垂直方向力为

$$\hat{F}_1 = \hat{F}_z + \hat{F}_d = \mathrm{i}\omega\rho \iint\limits_{S} (\hat{\varphi} + \hat{\varphi}_d) n_1 \mathrm{d}S \qquad (2\text{-}25)$$

2. 浮筒在自由情况下的垂直方向受力分析

自由漂浮在波浪中的浮筒,在垂直方向力 $\hat{F}_1$ 的作用下,将会发生垂直方向的往复运动。浮筒在垂直方向的往复运动过程中,会使其周围波浪发生辐射现象。浮筒往复运动产生的辐射现象主要分为两种,分别是水平辐射现象和垂直辐射现象。垂直辐射现象会反作用于浮筒,从而影响到浮筒在垂直方向运动的速度、幅值和频率。因此,自由漂浮的浮筒除受到垂直方向力 $\hat{F}_1$ 的作用外,还会受到由于浮筒上下运动而产生的垂直辐射力 $\hat{F}_r$ 的作用。垂直辐射力 $\hat{F}_r$ 来源于垂直辐射速度势 $\hat{\varphi}^{\mathrm{II}}$,垂直辐射速度势 $\hat{\varphi}^{\mathrm{II}}$ 与浮筒的垂直运动速度关系是

$$\hat{\varphi}^{\mathrm{II}} = k_r \hat{v}_z \qquad (2\text{-}26)$$

式中:k_r 为辐射速度势的复数形式比例系数。

根据式(2-22)可得辐射力为

$$\hat{F}_r = \mathrm{i}\omega\rho \iint\limits_{S} \hat{\varphi}^{\mathrm{II}} n_1 \mathrm{d}S = \mathrm{i}\omega\rho \iint\limits_{S} k_r \hat{v}_z n_1 \mathrm{d}S \qquad (2\text{-}27)$$

式(2-27)在积分过程中,速度 $\hat{v}_z$ 始终与积分面积 S 无关。所以

式(2-27)可以重新描述为

$$\hat{F}_r = i\omega\rho\hat{v}_z \iint\limits_S k_r n_1 \mathrm{d}S \tag{2-28}$$

令式(2-28)中的积分表达式 $\rho \iint\limits_S k_r n_1 \mathrm{d}S = -m_z - \dfrac{R_z}{i\omega}$，那么根据机械振动的频域分析法理论，振动物体的加速度 $\hat{a}$、速度 $\hat{v}$ 和位移 $\hat{s}$ 的关系式是 $\hat{a} = i\omega\hat{v} = -\omega^2\hat{s}$，则可对式(2-28)做进一步的描述

$$\begin{aligned}\hat{F}_r &= i\omega\hat{v}_z\left(-m_z - \frac{R_z}{i\omega}\right) \\ &= -i\omega\hat{v}_z m_z - R_z\hat{v}_z \\ &= -m_z\hat{a}_z - R_z\hat{v}_z\end{aligned} \tag{2-29}$$

式中：$\hat{a}_z$ 和 $\hat{v}_z$ 分别为浮筒在垂直方向的加速度和速度。

在机械振荡理论中，假如物体的受力大小与加速度 $\hat{a}$ 成正比，那么其比例系数就是附加质量；假如物体的受力大小与速度 $\hat{v}$ 成正比，那么其比例系数就是阻尼系数。因此，观察式(2-29)可知，该式中的参数 m_z 就是浮筒的垂直附加质量，R_z 就是浮筒的垂直阻尼系数。

由于垂直附加质量和阻尼系数影响到浮筒的垂直辐射力，进而也影响到浮筒在垂直方向的运动速度和位移，所以垂直附加质量和阻尼系数对漂浮式波浪发电系统的动态性能有一定的影响。一般地，与垂直阻尼系数相比，垂直附加质量对浮筒的动态性能影响较大。因此，通常对垂直附加质量做详细的理论计算和分析，而对于垂直阻尼系数，则是采用估算的方式取一个大概值。本小节采用解析法，对浮筒在波浪中受到的垂直附加质量和阻尼系数进行分析与计算。

2.4.2.3　垂直附加质量和阻尼系数的求解

在实验室的波浪水槽中，由于波浪的幅值和周期是恒定的，因此浮筒受到的垂直附加质量和阻尼系数也是恒定的。浮筒的垂直附加质量和阻尼系数是由浮筒垂直振动引起的。浮筒在上述 6 种运动模式下（见图2-5），将会产生 6 种附加质量和阻尼系数，本书只考虑垂直方向

的附加质量和阻尼系数。

图 2-6 是浮筒在波浪中的垂直振动示意图。假设该浮筒的半径为 r_a,吃水深度为 d,波浪水槽的水深为 H,那么根据波浪流体力学理论,图 2-6 所示流域内的速度势 $\hat{\varphi}$ 满足下列边界条件

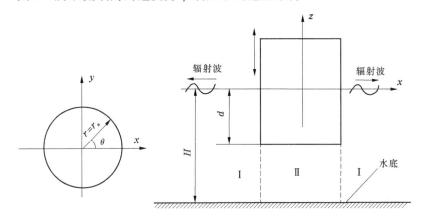

图 2-6　浮筒在波浪中的垂直振动示意图

$$\nabla^2 \hat{\varphi} = 0 \qquad \text{在整个流域内} \tag{2-30}$$

$$g \frac{\partial \hat{\varphi}}{\partial z} - \omega^2 \hat{\varphi} = 0 \qquad \text{在 } z = 0 \text{ 上} \tag{2-31}$$

$$\frac{\partial \hat{\varphi}}{\partial z} = 0 \qquad \text{在 } z = -H \text{ 上} \tag{2-32}$$

$$\frac{\partial \hat{\varphi}}{\partial r} = 0 \qquad \text{在 } r = r_a \text{ 上}, -d < z < 0 \text{ 的浮筒侧面上} \tag{2-33}$$

$$\frac{\partial \hat{\varphi}}{\partial z} = 1 \qquad \text{在 } z = -d \text{ 上}, 0 < r < r_a \text{ 的浮筒底面上} \tag{2-34}$$

$$\lim_{R = \infty} \sqrt{R} \left(\frac{\partial \hat{\varphi}}{\partial R} - ik\hat{\varphi} \right) = 0 \tag{2-35}$$

式中:$R = (x^2 + y^2)^{\frac{1}{2}}$。

图 2-6 可以分为区域 Ⅰ($r > r_a$)和区域 Ⅱ($r < r_a$)两部分。区域 Ⅰ

和区域Ⅱ的交界面满足的边界条件为

$$
\begin{cases}
\hat{\varphi}^{\mathrm{I}} = \hat{\varphi}^{\mathrm{II}} \\[2mm]
\dfrac{\partial \hat{\varphi}^{\mathrm{I}}}{\partial n} = \dfrac{\partial \hat{\varphi}^{\mathrm{II}}}{\partial n}
\end{cases}
\quad 在浮筒的 \ r = r_{\mathrm{a}},\ -H < z < -d \ 面上 \quad (2\text{-}36)
$$

根据流域内速度势 $\hat{\varphi}$ 满足的边界条件,以及区域Ⅰ和区域Ⅱ之间的边界条件,采用分离变量法求解区域Ⅰ的二维拉普拉斯方程,可得水平速度势为

$$
\hat{\varphi}^{\mathrm{I}} = A_0 \cosh k(z + H) \mathrm{H}_0^{(1)}(kr_{\mathrm{a}}) + \sum_{i=1}^{\infty} A_{0i} \cos k_i(z + H) \mathrm{K}_0(kr_{\mathrm{a}})
$$

$$(2\text{-}37)$$

式中:A_0 和 A_{0i} 为未知系数;$\mathrm{H}_0^{(1)}(kr_{\mathrm{a}})$ 为 Hankel 函数;$\mathrm{K}_0(kr_{\mathrm{a}})$ 为第二类修正的 Bessel 函数。

求解波数 k 和 k_i 的方程分别为

$$
\omega^2 = gk\tanh(kH) \qquad (2\text{-}38)
$$

$$
\omega^2 = -gk_i\tan(k_iH) \qquad (2\text{-}39)
$$

在区域Ⅱ之中,边界条件式(2-34)为非齐次方程,那么根据非齐次方程求解的基本原理,在区域Ⅱ上叠加一个齐次边界条件

$$
\frac{\partial \hat{\varphi}_{\mathrm{m}}}{\partial z} = 0 \quad 在 z = -d 上,0 < r < r_{\mathrm{a}} 的浮筒底面上 \quad (2\text{-}40)
$$

则区域Ⅱ的垂直速度势 $\hat{\varphi}^{\mathrm{II}}$ 可以描述为特解 $\hat{\varphi}_{\mathrm{p}}^{\mathrm{II}}$ 和通解 $\hat{\varphi}_{\mathrm{m}}^{\mathrm{II}}$ 的和。其中,特解 $\hat{\varphi}_{\mathrm{p}}^{\mathrm{II}}$ 源于非齐次边界条件式(2-31),通解 $\hat{\varphi}_{\mathrm{m}}^{\mathrm{II}}$ 源于齐次边界条件式(2-40),即

$$
\hat{\varphi}^{\mathrm{II}} = \hat{\varphi}_{\mathrm{p}}^{\mathrm{II}} + \hat{\varphi}_{\mathrm{m}}^{\mathrm{II}} \qquad (2\text{-}41)
$$

根据上述边界条件式(2-34)和式(2-40),采用分离变量法,容易得到特解 $\hat{\varphi}_{\mathrm{p}}^{\mathrm{II}}$ 的表达式为

$$
\hat{\varphi}_{\mathrm{p}}^{\mathrm{II}} = \frac{1}{2(H-d)}\left[(z + H)^2 - \frac{r_{\mathrm{a}}^2}{2}\right] \qquad (2\text{-}42)
$$

通解 $\hat{\varphi}_{m}^{II}$ 的表达形式为

$$\hat{\varphi}_{m}^{II} = \frac{\beta_0}{2} + \sum_{n=1}^{\infty} \beta_n \, I\,(\lambda_n r)\cos\lambda_n(z+H) \qquad (2\text{-}43)$$

式中：$\lambda_n = n\pi/(H-d)$；$I\,(\lambda_n r)$ 为第一类 Bessel 函数。

根据式（2-36）和式（2-41）可得

$$\hat{\varphi}_{m}^{II} = \hat{\varphi}^{I} - \hat{\varphi}_{p}^{II} \qquad (2\text{-}44)$$

利用 $\cos\lambda_n(z+H)$ 在浮筒表面 $(-H < z < -d)$ 上的正交性，将 $\cos\lambda_n(z+H)$ 乘以式（2-44）的等号两边，并在 $(-H < z < -d)$ 上积分可得

$$\beta_n = \frac{2}{H-d}\int_{-H}^{-d}(\hat{\varphi}^{I} - \hat{\varphi}_{p}^{II})_{r=r_a}\cos\lambda_n(z+H)\,\mathrm{d}z \qquad (2\text{-}45)$$

观察式（2-37）、式（2-42）和式（2-45），可知参数 β_n 是由未知系数 A_0 和 A_{0i} 来表达的。

根据式（2-33）、式（2-41）和式（2-44），可得浮筒表面速度势的法向导数相等，即

$$\frac{\partial\hat{\varphi}^{I}}{\partial r} = 0 \qquad 在 -d < z < 0, r = r_a 上 \qquad (2\text{-}46)$$

$$\frac{\partial\hat{\varphi}^{I}}{\partial r} = \frac{\partial\hat{\varphi}_{p}^{II}}{\partial r} + \frac{\partial\hat{\varphi}_{m}^{II}}{\partial r} \qquad 在 -H < z < -d, r = r_a 上 \qquad (2\text{-}47)$$

由于 $\cosh k(z+H)$ 和 $\cosh k_i(z+H)$ 在 $(-H < z < 0)$ 上的正交性，将式（2-46）乘以 $\cosh k(z+H)$，式（2-47）乘以 $\cosh k_i(z+H)$，并在区域 $(-H < z < 0)$ 上进行积分和变换可得

$$A_0 = \frac{1}{k H_0^{(1)'}(k r_a)\displaystyle\int_{-H}^{0}\cosh^2 k(z+H)\,\mathrm{d}z}\left\{\int_{-H}^{-d}\left(\frac{\partial\hat{\varphi}_{m}^{II}}{\partial r}\right)_{r=r_a}\cosh k(z+H)\,\mathrm{d}z + \right.$$

$$\left. \int_{-H}^{-d}\left(\frac{\partial\hat{\varphi}_{p}^{II}}{\partial r}\right)_{r=r_a}\cosh k(z+H)\,\mathrm{d}z\right\} \qquad (i = 1, 2, \cdots)$$

$$(2\text{-}48)$$

$$A_{0i} = \frac{1}{k_i K_0'(kr_a) \int_{-H}^{0} \cos^2 k_i (z+H) \, \mathrm{d}z} \left\{ \int_{-H}^{-d} \left(\frac{\partial \hat{\varphi}_m^{II}}{\partial r} \right)_{r=r_a} \cos k_i (z+H) \, \mathrm{d}z + \right.$$

$$\left. \int_{-H}^{-d} \left(\frac{\partial \hat{\varphi}_p^{II}}{\partial r} \right)_{r=r_a} \cos k_i (z+H) \, \mathrm{d}z \right\} \quad (i = 1, 2, \cdots)$$

$$(2-49)$$

观察式(2-44)、式(2-43)、式(2-48)和式(2-49),得知未知系数 A_0 和 A_{0i} 是由 β_n 来表达的。因此,可以由式(2-45)、式(2-48)和式(2-49),解得到参数 β_n、未知系数 A_0 和 A_{0i},进而可以得到浮筒周围水平辐射速度势 $\hat{\varphi}^{I}$[式(2-37)]和垂直辐射 $\hat{\varphi}^{II}$[式(2-41)]的具体表达式。垂直辐射速度势 $\hat{\varphi}^{II}$ 确定后,就可以根据式(2-26)、式(2-27)、式(2-28)和式(2-29)求解浮筒的垂直附加质量和阻尼系数。

特别地,针对浮筒这种外形规则的浮体,除采用上述解析计算方法求解浮筒的垂直附加质量,也可以借鉴经验式,计算得到浮筒垂直附加质量的近似值。表2-1 是外形规则的浮体的垂直附加质量经验式,表中的符号 R 为浮体的半径,D 为浮体的直径。

表2-1 外形规则的浮体的垂直附加质量经验式

浮体形状	垂直附加质量经验式
垂直圆柱形浮体(半潜型)	$\frac{1}{6}\rho D^3$
球形浮体(半潜型)	$\frac{1}{3}\pi\rho R^3$
垂直圆柱形浮体(全潜型)	$\frac{1}{3}\rho D^3$
球形浮体(全潜型)	$\frac{1}{6}\pi\rho R^3$
圆盘(全潜型)	$\frac{1}{3}\rho D^3$

2.4.2.4 浮筒的运动方程

根据牛顿定律,并结合上述浮筒的受力分析,图2-4所示的浮筒垂直运动加速度可以表达为

$$m_m\hat{a}_z = \hat{F}_1 + \hat{F}_r + \hat{F}_b + \hat{F}_f + \hat{F}_u \qquad (2\text{-}50)$$

式中:m_m为浮筒的重量;垂直方向波浪力$\hat{F}_1$和$\hat{F}_r$可由式(2-25)和式(2-29)解得;$\hat{F}_b$为浮筒的回复力;$\hat{F}_f$为波浪发电系统的摩擦力;$\hat{F}_u$为圆筒型永磁直线发电机的电磁力。

所谓回复力,就是浮筒在静水中离开其平衡位置所产生的浮力,回复力与浮筒离开平衡位置的偏移量成正比,可以描述为

$$\hat{F}_b = -\rho g S_{wp}\hat{s}_z \qquad (2\text{-}51)$$

式中:S_{wp}为浮筒的底面积;$\hat{s}_z$为浮筒偏离平衡位置的位移。

摩擦力$\hat{F}_f$主要来源于圆筒型永磁直线发电机定子与动子之间的摩擦,以及波浪发电系统运行过程中的机械摩擦,可以描述为

$$\hat{F}_f = -\mathrm{i}\omega R_f\hat{s}_z \qquad (2\text{-}52)$$

式中:R_f为摩擦系数。

当圆筒型永磁直线发电机空载运行时,电磁力$\hat{F}_u$指的是发电机齿槽力$\hat{F}_{uc}$;当圆筒型永磁直线发电机负载运行时,电磁力$\hat{F}_u$不仅包括齿槽力$\hat{F}_{uc}$,而且包括发电机连接负载而产生的负载力$\hat{F}_{ul}$。

基于加速度$\hat{a}$、速度$\hat{v}$和位移$\hat{s}$之间的关系($\hat{a} = \mathrm{i}\omega\hat{v} = -\omega^2\hat{s}$),式(2-50)的位移形式表达式为

$$\left[-\omega^2(m_m + m_z) + \mathrm{i}\omega(R_f + R_z) + \rho g S_{wp}\right]\hat{s}_z = \hat{F}_1 + \hat{F}_u \qquad (2\text{-}53)$$

式(2-50)的速度表达式为

$$\hat{v}_z = \frac{\hat{F}_1 + \hat{F}_u}{\mathrm{i}\omega[m_m + m_z] + [R_f + R_z] + \dfrac{S_{wp}}{\mathrm{i}\omega}} \qquad (2\text{-}54)$$

式(2-54)表明,通过调整浮筒的重量 m_m ,可以消除该式等号右端分母中的虚数部分。根据频域分析法的机械振动理论,当式(2-54)等号右端分母中的虚数部分为零后,也就表明浮筒与波浪在垂直方向的运动达到了共振的状态。在共振的状态下,单浮筒波浪发电系统可以最大化地把波浪能转换成电能。此外,由于圆筒型永磁直线发电机的齿槽力只与动子和定子的相对位移有关,所以可以采用傅里叶分析的方法,把齿槽力表示为级数形式

$$\hat{F}_{uc} = \frac{A_{u1}}{2}e^{i(2\pi f_{1x}+\theta_1)} + \sum_{n=2}^{N} A_{un}e^{i(2\pi f_{nx}+\theta_n)} \qquad (2-55)$$

式中: A_{un} 为振幅; f_n 为频率; θ_n 为相位角; x 为圆筒型永磁直线发电机定子和动子间的相对位移。

2.5　单浮筒波浪发电系统的仿真和试验

图 2-7 是安装在实验室波浪水槽中的单浮筒波浪发电系统装置实物图。图中,圆柱形浮筒直接与圆筒型永磁直线发电机的动子(永磁体)连接,圆筒型永磁直线发电机的定子(绕组)固定在波浪水槽的顶部。在波浪垂直方向力的作用下,浮筒做垂直方向的往复运动,并直接驱动圆筒型永磁直线发电机的动子做垂直方向的往复运动,使圆筒型永磁直线发电机的绕组切割永磁体的磁感线,从而在绕组上产生感应电动势,最终把波浪能转换成电能。

在实验室环境中,水槽中的波浪周期可以是恒定的。因此,可以根据式(2-54)和水槽中的恒定波浪周期,调整圆柱形浮筒的质量,使圆柱形浮筒在垂直方向的运动与实验室水槽波浪垂直方向的运动达到共振。调整圆柱形浮筒质量的方式是向浮筒内注水,如图 2-7(b)所示,或在圆柱形浮筒底端添加配重铁块。已知实验室波浪水槽中的波高为 0.3 m,波浪周期为 2 s,则圆柱形浮筒质量的调整结果,以及浮筒的结构尺寸和材料如表 2-2 所示。

(a)整体装置结构　　　　　(b)浮筒结构

图2-7　单浮筒波浪发电系统装置

表2-2　浮筒质量的调整

项目	半径(m)	高度(m)	壁厚(m)	材料	质量(kg)
重量调整前	0.3	0.5	0.002	不锈钢316	9.8
重量调整后	0.3	0.5	0.002	不锈钢316	240.87

圆筒型永磁直线发电机的基本结构和实物图见图2-7。

本节采用仿真计算与试验测试相对比的方法,验证上述关于浮筒垂直方向受力分析理论的合理性。仿真计算和试验测试,主要是在单浮筒波浪发电系统空载运行的情况下实施的。具体步骤如下。

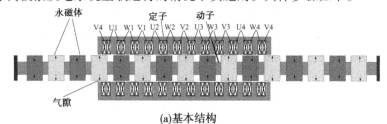

(a)基本结构

图2-8　圆筒型永磁直线发电机

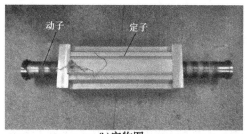

(b)实物图

续图 2-8

(1)计算单浮筒波浪发电系统的浮筒垂直方向位移和运动速度。

在已知实验室波浪水槽的波高和周期的情况下,利用式(2-53)和式(2-54)计算浮筒在垂直方向的位移和运动速度。其中,式(2-53)和式(2-54)中的摩擦力 $\hat{F}_f$ 主要来源于发电机定子与动子之间的摩擦,可以由试验测试获得,也可以作近似假设;电磁力 $\hat{F}_u$ 可以根据发电机的结构进行有限元仿真获得。针对图 2-8(a)所示的轴对称圆筒型永磁直线发电机,其二维有限元仿真的控制方程为

$$\frac{\partial}{\partial x}\left(\frac{1}{\mu}\frac{\partial A_{MP}}{\partial x}\right) + \frac{\partial}{\partial y}\left(\frac{1}{\mu}\frac{\partial A_{MP}}{\partial y}\right) = -J_s - J_m \tag{2-56}$$

式中:μ 为磁导率;A_{MP} 为磁矢位;J_s 为励磁电流密度(在空载情况下,励磁电流为零);J_m 是等效磁化电流密度。

电磁力 F_u(时域形式)的控制方程为

$$F_u = \oint_s \frac{1}{2\mu_0}(B_n - B_t)\,\mathrm{d}S\vec{t} + \frac{1}{\mu_0}B_n B_t \mathrm{d}S\vec{n} \tag{2-57}$$

式中:μ_0 为空气磁导率;S 为积分面积;B 为磁通密度;$\vec{t}$ 和 $\vec{n}$ 分别为积分表面的法向单位矢量和切向单位矢量。

(2)调整浮筒的质量。

通过浮筒的注水孔[见图 2-7(b)]和添加配重铁块的方式,调整浮筒的质量,使浮筒垂直运动速度式(2-54)等号右端分母的虚数部分为零。

(3)有限元计算结果和试验测量结果的比较。

把根据式(2-54)计算获得的浮筒垂直方向运动速度数据(离散数据)输入到有限元仿真软件,计算圆筒型永磁直线发电机在此速度下输出的空载感应电动势。把试验测量获得的空载感应电动势和理论仿真获得的空载感应电动势做对比,验证上述浮筒垂直方向受力分析的合理性。

在实验室波浪水槽的波高为 0.3 m、周期为 2 s 的情况下,根据式(2-4)和式(2-20)计算所得的波面水质点的垂直方向位移和速度,如图 2-9(a)所示;根据式(2-53)和式(2-54)计算所得的浮筒的垂直方向位移和速度,如图 2-9(b)所示。

由图 2-9(a)可知,当波浪波面水质点到达平衡位置(位移为 0)的时候,其垂直方向速度的幅值达到最大。在图 2-9(b)中,浮筒的垂直方向速度出现了不平滑的波动现象,这主要是圆筒型永磁直线发电机的电磁力 $\hat{F}_{\mathrm{u}}$ 引起的。由于发电机处于空载运行状态,所以此处的电磁力 $\hat{F}_{\mathrm{u}}$ 就是发电机的齿槽力 $\hat{F}_{\mathrm{uc}}$。因此,减小永磁直线发电机的齿槽力 $\hat{F}_{\mathrm{uc}}$,可以减弱浮筒在垂直方向运动速度的不平滑波动现象,进而提高

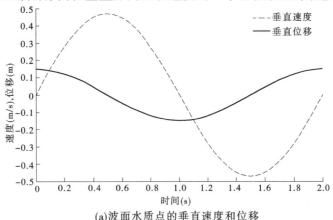

(a)波面水质点的垂直速度和位移

图 2-9　波面和浮筒的运动特性

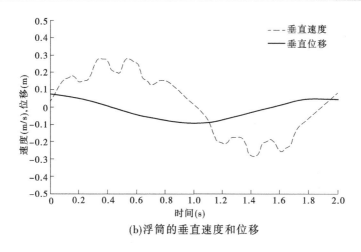

(b)浮筒的垂直速度和位移

续图 2-9

单浮筒波浪发电系统运行的稳定性。有关减小永磁直线发电机齿槽力 $\hat{F}_{uc}$ 的分析,将在第 3 章详述。

　　单浮筒波浪发电系统输出的空载感应电动势试验值和有限元仿真计算值,如图 2-10 所示。通过比较空载感应电动势的幅值和频率,表明空载感应电动势的试验值和仿真计算值是基本一致的,从而验证了

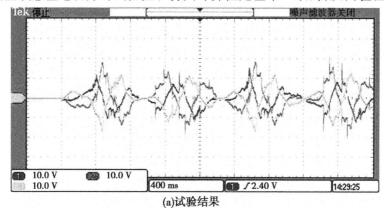

(a)试验结果

图 2-10　空载感应电动势

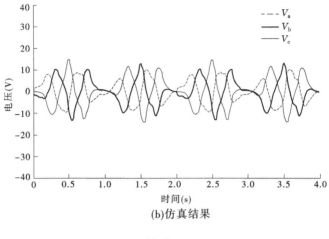

(b)仿真结果

续图 2-10

上述关于浮筒受力分析理论的合理性。

2.6　浮筒对波浪能的吸收

根据波浪运动理论及漂浮在波浪中的浮筒运动理论,其波浪入射波和辐射波之间会产生破坏性干涉,此时将会影响浮筒对于波浪能的吸收效率,进而也影响波浪能转换成电能的效率。作为波浪发电的研究者,我们特别感兴趣的是:怎样才能使浮筒吸收到最多的波浪能。截至目前,对波浪能的大规模利用仍处于技术发展十分不成熟的初级阶段。

2.6.1　浮筒对于波浪能的吸收(波干涉情况下)

浮筒在水中振荡时将会产生波浪,如果小物体以较大的振幅振荡,那么大物体和小物体就可能产生同样大的波浪。举例来说,用一个小的漂浮物体做垂荡运动来响应入射波,特别是当小物体的振幅比入射波的振幅更大时,这种情况就会发生,波能转换就是通过对这一现象的应用而实现的。

通常来说,一个好的波浪能吸收器(本书指的是波浪发电装置),一般都会是一个好的波发生器(本书指的是浮筒)。因此,为了吸收波浪能,必须让浮筒在合适的相位振荡起来。此外,把波浪能转换成电能的前提是能量必须先从波浪中转移出来。但是,当波浪通过能量转换装置被反射回来时,它必须被抵消或者有所减少。这种波的抵消或减少,能够通过振荡装置实现,只要振荡装置产生的波,与通过其上反射回来的波相位相反即可。换句话说,浮筒运动产生的波浪必须与其他的波浪(例如入射波)发生破坏性干涉。比如说,一振荡的小漂浮物体(浮筒)垂直于波浪平面中,且该小漂浮物体(浮筒)的直径远小于入射波浪的波长,那么入射波的能量也可以被完全吸收。

事实上,由于波浪中存储的能量分为势能和动能,且二者各占50%。所以,本章节单浮筒波浪发电装置对于波浪能的最大吸收功率是50%。同样地,如果只有对称物体产生不对称辐射波,那么理论上来讲,它最多也只可能吸收50%的波能。但是,若一充分不对称物体只在一种运动模式下振荡,它就有可能吸收全部的波能。

为了从波浪里获得最大的波浪能,必须使波浪发电装置进行最佳振荡。对一个正弦入射波来说,就是要满足最佳相位和最佳振幅条件。例如,针对本书的单浮筒波浪发电装置而言,只有浮筒的辐射波振幅必须恰好等于波浪入射波振幅,此时才能最大化地把波浪能转换成电能。因此,要求波浪发电装置的垂直和水平振荡要具有合适的振幅值,且这些最佳振幅与入射波的振幅成正比。

另外,只有在波浪发电装置(只在一种模式下振荡)与波浪发生共振(也就是振荡系统的自然频率和波的频率相等)的情况下,波浪发电装置才能恰好满足最佳相位条件。所以,在满足最佳相位条件的情况下,波浪发电装置的振荡速率与作用于系统上的波浪激振力也是同相。

2.6.2　浮筒的最大波浪能吸收

根据机械振动理论,只有在波浪发电装置的运动频率和波浪的运动频率达到共振的情况下,波浪发电装置才可以实现波浪能转换成电能的最大化。然而,受到气压、风力、温度、湿度等因素的影响,波浪运动过程中的波幅和频率是时刻变化的,而波浪发电装置本身固有频率是恒定的,则二者之间不可能一直处于共振状态(相位差为零)。因此,研究波浪发电装置的优化控制策略,使波浪发电装置的运动频率与波浪的运动频率达到共振,对于提高波浪发电装置的运行效率具有十分重要的意义。目前,如何能够提高波浪发电装置的运行效率,从而最大化地把波浪能转换成电能,依然存在诸多技术难题。其中,主要技术难题就是波浪发电装置与波浪之间的相对运动匹配问题。为了提高波浪发电装置的运行效率,部分学者分别从浮筒和直线发电机的角度,进行波浪发电装置的优化控制研究。

在后续章节中,本书从理论控制的角度,对波浪发电装置的最优化运行进行控制研究,从而为提高波浪发电装置的运行效率奠定基础。

2.7　复数的概念

上述几节中,有一部分数学式的推导和应用过程中,涉及了谐振的复数表示、相位矢量和震荡振幅等概念。在这里,对这些基本的数学概念进行必要的阐述。这些概念,在很多数学工具书里均能查询到。

为方便处理正弦振荡,可以采用数学上的复数方法(包括复振幅和相位矢量)。应用这种方法的最大好处是:对时间的微分可以简单地用 $i\omega$ 作乘积来表示,i 为虚数单位($i = \sqrt{-1}$),ω 为角频率。

举例说明:假设讨论由一个按正弦规律变化的外力 $F(t)$ 所引起的强迫振荡,此振荡可由其位移响应 $x(t)$ 或速度响应 $u(t)$ 表示,$F(t)$、$x(t)$ 和 $u(t)$ 分别如式(2-58)、式(2-59)和式(2-60)所示。

$$F(t) = F_0\cos(\omega t + \varphi_F) \tag{2-58}$$

式中:F_0 为振幅;φ_F 为相位常数。

此时,我们可以很方便地得到一个位移响应 $x(t)$ 的特解,也就是

$$x(t) = x_0\cos(\omega t + \varphi_x) \tag{2-59}$$

则相应的速度响应 $u(t)$ 表达式为

$$u(t) = \dot{x}(t) = u_0\cos(\omega t + \varphi_u) \tag{2-60}$$

根据欧拉式

$$e^{i\psi} = \cos\psi + i\sin\psi \tag{2-61}$$

以及欧拉式的等价形式

$$\cos\psi = \frac{(e^{i\psi} + e^{-i\psi})}{2}\sin\psi = \frac{(e^{i\psi} + e^{-i\psi})}{2i} \tag{2-62}$$

可以重写位移响应 $x(t)$

$$x(t) = x_0\cos(\omega t + \varphi_x) = \frac{x_0}{2}e^{i(\omega t+\varphi_x)} + \frac{x_0}{2}e^{-i(\omega t+\varphi_x)} \tag{2-63}$$

这里,引进复振幅的概念。复振幅的表达式为

$$\hat{x} = x_0 e^{i\varphi_x} = x_0\cos\varphi_x + ix_0\sin\varphi_x \tag{2-64}$$

以及 $\hat{x}$ 的共轭复数

$$\hat{x}^* = x_0 e^{-i\varphi_x} = x_0\cos\varphi_x - ix_0\sin\varphi_x \tag{2-65}$$

将式(2-64)和式(2-65)代入式(2-63)可得

$$2x(t) = \hat{x}e^{i\omega t} + \hat{x}^* e^{-i\omega t} \tag{2-66}$$

式(2-66)中,等号右边的两数之和为实数,而这两个数却是复数共轭。所以可以写出式(2-66)的另一个形式为

$$2x(t) = \hat{x}e^{i\omega t} + c.c. \tag{2-67}$$

式中,$c.c.$ 表示前一项的共轭复数。

式(2-64)表示的复振幅包含有两个信息:

(1)(绝对值)振幅 $|\hat{x}| = x_0$ 是正实数。

(2)相位常数 $\varphi = \arg\hat{x}$,单位是弧度(rad)或角度(°)。

接下来,根据上述复振幅、位移响应、速度响应等数学式,讨论位移响应、速度响应、加速度响应之间的相互关系。假定振荡系统中一个振荡质点的位置可用下式表示

$$x(t) = x_0\cos(\omega t + \varphi_x) = \frac{\hat{x}}{2}e^{i\omega t} + c.c. = \mathrm{Re}(\hat{x}e^{i\omega t}) \tag{2-68}$$

则速度的表达式为

$$u = \hat{x} = \frac{\mathrm{d}x}{\mathrm{d}t} = -\omega x_0 \sin(\omega t + \varphi_x)$$

$$= \omega x_0 \cos\left(\omega t + \varphi_x + \frac{\pi}{2}\right)$$

$$= \mathrm{Re}\left\{\omega x_0 \exp\left\{\mathrm{i}\left(\varphi_x + \frac{\pi}{2}\right)\right\}\exp(\mathrm{i}\omega t)\right\}$$

$$(2\text{-}69)$$

因为 $\mathrm{e}^{\mathrm{i}\pi/2} = \cos\pi/2 + \mathrm{i}\sin\pi/2 = \mathrm{i}$，则式(2-69)可简化为

$$u(t) = \dot{x} = \mathrm{Re}\{\mathrm{i}\omega x_0 \exp(\mathrm{i}\varphi_x)\exp(\mathrm{i}\omega t)\} = \mathrm{Re}\{\mathrm{i}\omega\hat{x}\mathrm{e}^{\mathrm{i}\omega t}\} \quad (2\text{-}70)$$

综合上式推导过程，可得速度响应与位移响应的关系式

$$\hat{u} = \mathrm{i}\omega\hat{x} \quad (2\text{-}71)$$

因此，可以总结得到：在时域中，对于位移响应的微分，可以得到速度响应；而在频域或复数形式的情况下，可以简单地用 $\mathrm{i}\omega$ 作乘积来表示速度响应和位移响应之间的关系。

同理，我们可以得到加速度的表达式为

$$a(t) = \dot{u} = \frac{\mathrm{d}\mu}{\mathrm{d}t} = \mathrm{Re}\{\mathrm{i}\omega\hat{u}\mathrm{e}^{\mathrm{i}\omega t}\} = \mathrm{Re}\{\hat{a}\mathrm{e}^{\mathrm{i}\omega t}\} \quad (2\text{-}72)$$

加速度的复振幅为

$$\hat{a} = \mathrm{i}\omega\hat{u} = \mathrm{i}\omega\mathrm{i}\omega\hat{x} = -\omega^2\hat{x} \quad (2\text{-}73)$$

在很多非线性领域，也常常使用复数的形式(频域的形式)，进行物体运动过程的描述和分析，其分析过程方面，易于通过计算机程序实现数值计算等工作。

2.8　本章小结

本章首先介绍了实验室波浪水槽的基本结构和工作原理，然后采用时域法分析浮筒在波浪中的垂直方向受力问题。为了计算浮筒在垂直方向的运动速度和位移，本章着重阐述了浮筒垂直附加质量和阻尼系数的解析计算过程。通过建立试验模型和有限元仿真，验证了本章关于浮筒垂直方向受力分析理论的合理性。

　　由于浮筒垂直附加质量和阻尼系数的大小与波浪的周期关系密切,所以针对实验室波浪水槽中的恒周期波浪,本章提出的垂直附加质量和阻尼系数计算方法是可行的。浮筒的垂直方向运动速度式(2-54)表明,完全可以通过调整浮筒的重量,消除式(2-54)等号右端分母的虚数部分,从而使该波浪发电系统的运动与波浪的运动达到共振的状态,进而最大化地把波浪能转换成电能。

　　但是,波浪发电技术的最终目的是把海洋波浪能转换成电能,而海洋波浪的周期是非恒定的。因此,浮筒垂直附加质量和阻尼系数的计算对于波浪发电技术的研究只是起到片面的作用。为了提高海上波浪发电系统的运行效率,还需要从其他角度进行分析和研究,这正是第6章的主要内容。

　　本章为后面章节的波浪发电系统优化设计和控制奠定了基础。

参考文献

[1]　Zabihian F, Fung A S. Review of marine renewable energies:Case study of Iran [J]. Renewable & Sustainable Energy Reviews,2011,15(5):2461-2474.

[2]　Lin L, Yu H. Offshore wave energy generation devices:impacts on ocean bio-environment[J]. Acta Ecologica Sinica,2012,32(3):117-122.

[3]　Langhamer O, Haikonen K, Sundberg J. Wave power—Sustainable energy or environmentally costly A review with special emphasis on linear wave energy converters [J]. Renewable and Sustainable Energy Reviews, 2010, 14 (4): 1329-1335.

[4]　Margheritini L,Hansen A M,Frigaard P. A method for EIA scoping of wave energy converters—based on classification of the used technology [J]. Environmental Impact Assessment Review,2012,32(1):33-44.

[5]　Falnes J. Ocean Waves and Oscillating Systems [M]. Cambridge:Cambridge University Press,2002.

[6]　Bernhoff H,Sjostedt E,Leijon M. Wave energy resources in sheltered sea areas:a case study of the Baltic Sea[J]. Renewable Energy,2006,31(13):2164-2170.

[7]　Henfridsson U, Neimane V, Strand K, et al. Wave energy potential in the Baltic

Sea and the Danish part of the North Sea, with reflections on the Skagerrak[J].
Renewable Energy, 2007,32(12):2069-2084.

[8] Yeung R W. Added mass and damping of a vertical cylinder in finite-depth waters
[J]. Applied Ocean Research,1981,3(3):119-133.

[9] McCormick M E . Ocean Wave Energy Conversion[M]. New York:Wiley,1981.

[10] Falnes J. A review of wave-energy extraction[J]. Marine Structures, 2007,20
(4):185-201.

第 3 章　永磁直线发电机的气隙磁场分析

3.1　引　言

永磁直线发电机的气隙磁场分布,直接影响发电机的运行性能,例如上一章涉及的发电机齿槽力幅值、感应电动势波形等。本章主要采用解析法,初步分析计算永磁直线发电机定子铁芯和动子铁芯非饱和情况下的气隙磁场分布,包括气隙漏磁通、气隙主磁通、端部气隙磁场效应,以及由端部气隙磁场效应引起的齿槽力等,并结合有限元法对解析法的计算结果加以验证。

永磁电机气隙磁场分析和优化的方法主要有两种,分别是数值法和解析法。数值法主要包括有限差分法、边界元法和有限元法等。解析法是指采用解析表达式计算各种物理量的方法。随着计算机技术和数值计算技术的迅速发展,目前最常用的数值计算方法是有限元法。

有限元法是一种计算结果较为精确的数值计算方法,其核心内容是求解微分方程,即把求解泊松方程(Poisson's Equation)的过程转换成求解泛函的极值过程。有限元法适合计算微分方程所描述的各种物理场。针对永磁电机电磁场,有限元法首先通过网格剖分和建立边界条件,把永磁电机的电磁场区域划分成由多个单元格和节点组成;然后根据单元格和节点建立偏微分矩阵方程,并采用雅克比迭代法(Jacobi Iterate Method)、牛顿迭代法(Newton's Method)、高斯-赛德尔迭代法(Gauss-Seidel Iterate Method)等迭代法求解每个节点的磁矢位;最后根据求解每个节点得到的磁矢位,并利用纳维-斯托克斯方程(Navier-Stokes Equation)计算每个节点的磁通、磁通密度等数据。此外,永磁电机的气隙主磁通、气隙漏磁通、齿槽力、感应电动势等参数的求解,也是基于电磁场区域的剖分节点得到的。

　　与有限元法相比,虽然解析法的计算结果准确度不高,但其求解过程简单,计算耗时较短,完全可以应用于永磁电机电磁场的初步分析和计算中。在采用解析法初步分析和优化永磁电机电磁场后,再利用有限元法做进一步的精确优化设计,这样既减少了因为过多使用有限元法而产生的计算耗时,也提高了永磁电机设计和优化的效率。因此,把解析法和有限元法各自的优点充分结合起来,应用于永磁电机的设计和优化,不失为一种良好的策略。

3.2　气隙漏磁通

　　圆筒型永磁直线发电机的结构剖面如图 3-1 所示。图中,w_{es} 为边端槽宽,w_{et} 为边端齿宽;永磁体采用表贴的方式固定在动子铁芯的表面,永磁体的充磁方向为径向充磁;定子铁芯采用硅钢片冲压而成;绕组在定子铁芯的齿槽中集中式分布。

　　图 3-1 所示的圆筒型永磁直线发电机,其气隙漏磁通是指安装在动子铁芯上的永磁体产生的磁力线不进入定子铁芯的绕组,而是直接经过永磁电机的气隙、相邻永磁体、动子铁芯而形成的闭合磁力线回路。

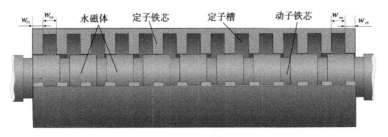

图 3-1　圆筒型永磁直线发电机的结构剖面

　　圆筒型永磁直线发电机的气隙漏磁通分布如图 3-2 所示。图中,PM(Permanent Magnet) 为永磁体,w_{PM} 为永磁体的长度,τ 为极距,h_g 为气隙宽度,h_{PM} 为永磁体的厚度。气隙漏磁通的分布主要与永磁体材料特性、永磁体充磁方式、电机齿槽结构、气隙宽度等有密切关系。

气隙漏磁通有两种,分别是相邻永磁体之间的气隙漏磁通 Φ_{MM} 和永磁体与动子铁芯之间的气隙漏磁通 Φ_{MP}。气隙漏磁通影响永磁材料的利用率,文献[8]~[10]详细分析了旋转电机和内嵌式永磁电机的气隙漏磁通 Φ_{MM}。事实上,永磁体与动子铁芯之间的气隙漏磁通 Φ_{MP} 对于永磁电机气隙漏磁通的计算和分析也十分重要。

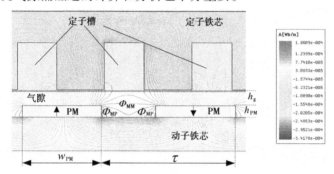

图 3-2　圆筒型永磁直线发电机的气隙漏磁通分布

3.2.1　等效磁路

将圆筒型永磁直线发电机的磁场回路转换成由多个磁路段组成,并且假设每个磁路段的磁通密度均匀分布,这样就可以利用解析法计算气隙漏磁通系数和端部气隙磁通效应对于圆筒型永磁直线发电机齿槽力的影响。

观察图 3-2,该图中的回路主要有 3 种,分别是:①永磁体→气隙→定子铁芯→气隙→相邻的永磁体→动子铁芯→永磁体;②永磁体→气隙→相邻的永磁体→动子铁芯→永磁体;③永磁体→气隙→动子铁芯→永磁体。其中,回路①是有效回路(也称为主回路),回路②和③是气隙漏磁通 Φ_{MM} 和 Φ_{MP} 的回路。

图 3-3 是图 3-2 的等效磁路。图 3-3 中,R_s 为定子铁芯的磁阻,R_g 为气隙的磁阻,R_{mm} 为永磁体之间的磁阻,R_{mp} 为永磁体与动子铁芯之间的磁阻,R_p 为动子铁芯的磁阻,Φ_g 为一个极距的气隙磁通,Φ_M 为永磁体向外磁路提供的一个极距磁通。

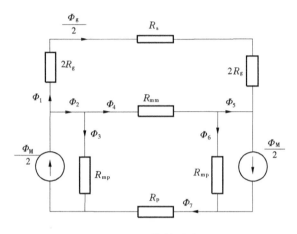

图 3-3　等效磁路

3.2.2　气隙漏磁系数

3.2.2.1　气隙漏磁系数的解析表达

假设圆筒型永磁直线发电机定子铁芯和动子铁芯的磁通是非饱和的,那么定子铁芯的磁阻 R_s 和动子铁芯的磁阻 R_p 就可以忽略。根据基尔霍夫定律,图 3-3 的磁阻回路矩阵方程就可以描述为

$$
\begin{bmatrix}
4R_g & 0 & 0 & -R_{mm} & 0 & 0 & 0 \\
0 & 0 & R_{mp} & -R_{mm} & 0 & -R_{mp} & 0 \\
1 & 1 & 0 & 0 & 0 & 0 & 0 \\
0 & -1 & 1 & 1 & 0 & 0 & 0 \\
0 & 0 & 0 & -1 & 1 & 1 & 0 \\
1 & 0 & 0 & 0 & 1 & 0 & 0 \\
0 & 0 & 0 & 0 & 0 & 1 & -1 \\
0 & 0 & 1 & 0 & 0 & 0 & 1
\end{bmatrix}
\begin{bmatrix}
\dfrac{\Phi_g}{2} \\[2mm]
\Phi_2 \\[1mm]
\Phi_3 \\[1mm]
\Phi_4 \\[1mm]
\Phi_5 \\[1mm]
\Phi_6 \\[1mm]
\Phi_7
\end{bmatrix}
=
\begin{bmatrix}
0 \\[1mm]
0 \\[1mm]
\dfrac{\Phi_M}{2} \\[2mm]
0 \\[1mm]
0 \\[1mm]
\dfrac{\Phi_M}{2} \\[2mm]
-\dfrac{\Phi_M}{2} \\[2mm]
\dfrac{\Phi_M}{2}
\end{bmatrix}
$$

$$(3-1)$$

解矩阵方程式(3-1),可得一个极距的气隙磁通 Φ_g 和永磁体向外磁路提供的一个极距磁通 Φ_M。根据气隙漏磁系数式 $k_g = \Phi_M / \Phi_g$ 可得

$$k_g = \frac{\Phi_M}{\Phi_g} = 1 + 2\frac{R_g}{R_{mp}} + 4\frac{R_g}{R_{mm}} \tag{3-2}$$

一般地,磁阻 R_{mc} 与磁路的横截面面积 S_{mc}、磁通密度 B_{mc}、磁场强度 H_{mc} 和磁路长度 L_{mc} 有关,其表达式为

$$R_{mc} = \frac{L_{mc}H_{mc}}{S_{mc}B_{mc}} = \frac{L_{mc}}{S_{mc}\mu_{mc}} \tag{3-3}$$

因此,根据式(3-2),圆筒型永磁直线发电机的气隙磁阻 R_g、漏磁通磁阻 R_{mm} 和 R_{mp} 可以描述为

$$R_g = \frac{h_g}{\mu_0 w_{PM}\pi r_{PM}} \tag{3-4}$$

$$R_{mm} = \frac{(\tau - w_{PM}) + \pi h_g}{\mu_{PM}h_g\pi r_{PM}} \tag{3-5}$$

$$R_{mp} = \frac{h_{PM} + \pi h_g}{\mu_{PM}h_g\pi r_{PM}} \tag{3-6}$$

式中:μ_0 为空气的磁导率;μ_{PM} 为永磁体的磁导率;r_{PM} 为永磁体的外径。

3.2.2.2　有限元验证

为了验证上述磁路法的有效性,本节采用有限元法计算气隙漏磁系数,并与磁路法解得的气隙漏磁系数[式(3-2)]做比较。

采用有限元法计算永磁电机的磁场分布,具有以下优点:

(1)有利于计算机编程方式的求解。基于网格剖分和建立节点的微分方程矩阵具有对称性和正定性的特点,这样可以采用不完全 Cholesky 共轭梯度法(Incomplete Cholesky Conjugate Gradient,ICCG)求解微分方程矩阵,其求解过程不需要占用大量的计算机内存,并有利于采用计算机编程方式的实现。

(2)计算结果的准确度高。有限元法的网格剖分和建立节点比较灵活,且可以由程序自动完成,特别是采用三角形网格剖分和建立节点的方式,更适合计算由各种材料和分界面构成的永磁电机电磁场。一般情况下,有限元法的网格剖分越小,其建立的节点越多,从而使计算结果也越准确。

（3）提高了计算速度。有限元法计算永磁电机电磁场分布,易于实现数值计算过程的前处理和后处理工作,为编写功能全面、便于操作的有限元分析和计算软件提供了有利条件,这样既减少了手工处理数据的时间,也提高了计算速度。

（4）丰富的软件支持。目前市场上已经存在较为成熟的永磁电机电磁场计算和分析软件,例如 ANSYS、ANSOFT 及 FLUX 等。

（5）前处理、分析计算和后处理功能。前处理功能可以提供最优的网格划分,为建立有限元模型奠定基础。前处理的主要过程是自顶向下或自底向上的实体建模、延伸划分、映像划分、自由划分或自适应划分网格,施加自由度约束、力、面载荷、体载荷、惯性载荷或耦合场载荷等;分析计算功能包括线性分析、非线性分析和高度非线性分析;后处理功能可以实现等值线显示、矢量显示、图表显示、曲线形式显示或输出。

图 3-4 展示了在最大气隙漏磁通和最小气隙漏磁通两种情况下,气隙漏磁系数的计算方式。其计算过程是:首先采用有限元软件计算磁场区域点 B_1、C_1、D_1、E_1 的磁矢位 A_{MP};然后根据这 4 个点的磁矢位 A_{MP},采用有限元软件的后处理方式计算气隙漏磁系数 k_g。磁矢位 A_{MP} 与气隙漏磁系数 k_g 的关系是

$$k_g = \frac{\left| A_{MP}^{E1} - A_{MP}^{D1} \right|}{\left| A_{MP}^{C1} - A_{MP}^{B1} \right|} \tag{3-7}$$

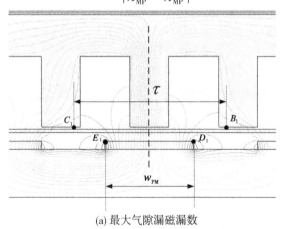

(a) 最大气隙漏磁漏数

图 3-4　气隙漏磁系数

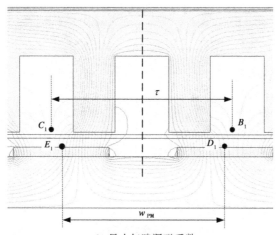

(b) 最小气隙漏磁系数

续图 3-4

如图 3-4(a)所示,当永磁体的中心线与定子铁芯的齿中心线对齐时,气隙漏磁系数 k_{g1} 最大;如图 3-4(b)所示,当相邻永磁体之间的中心线与定子铁芯的槽中心线对齐时,气隙漏磁系数 k_{g2} 最小。显然,有限元计算所得的平均气隙漏磁系数 $k_{g3} = (k_{g1} + k_{g2})/2$ 更接近真实值。

表 3-1~表 3-3 是气隙漏磁系数的解析法和有限元法计算结果。二者相互比较的结果表明,解析法和有限元法的最大计算误差($|k_g - k_{g3}|/k_{g3} \times 100\%$)是 6.8%,证明了解析法用于计算圆筒型永磁直线发电机磁场非饱和情况下的气隙漏磁系数是较为准确的、可行的。

表 3-1   气隙漏磁系数(一)

w_{PM}(mm)	k_{g3}(有限元法)	k_g(解析法)	误差 (%)
19.6	1.100 123	1.026 118	6.7
24.4	1.096 621	1.021 851	6.8
29.4	1.090 630	1.019 213	6.5
34.3	1.075 121	1.017 877	5.3
39.2	1.050 557	1.017 808	3.1
44.1	1.032 275	1.020 100	1.2

注: $w_{es} = 1$ mm, $h_{PM} = 2$ mm, $\tau = 49$ mm。

表 3-2   气隙漏磁系数(二)

h_{PM}(mm)	k_{g_3}(有限元法)	k_g(解析法)	误差(%)
2	1. 077 982	1. 050 389	2. 6
3	1. 063 940	1. 047 355	1. 6
4	1. 053 007	1. 044 912	0. 8
5	1. 044 883	1. 042 902	0. 2
6	1. 038 939	1. 041 219	0. 2
7	1. 034 527	1. 039 790	0. 5

注: h_g = 2 mm, w_{PM} = 34. 3 mm, τ = 49 mm。

表 3-3   气隙漏磁系数(三)

h_g(mm)	k_{g_3}(有限元法)	k_g(解析法)	误差(%)
1	1. 075 121	1. 017 877	5. 3
1. 5	1. 100 092	1. 033 062	6. 1
2	1. 126 176	1. 050 389	6. 7
2. 5	1. 143 684	1. 069 300	6. 5
3	1. 164 234	1. 089 439	6. 4
3. 5	1. 190 026	1. 110 560	6. 7
4	1. 211 762	1. 132 480	6. 5

注: h_{PM} = 2 mm, w_{PM} = 34. 3 mm, τ = 49 mm。

3.3   端部气隙磁场对齿槽力的影响

　　第 2 章单浮筒波浪发电系统的仿真和试验分析结果表明,由于圆筒型永磁直线发电机齿槽力的影响,使浮筒的垂直运动速度发生不平滑的波动现象。所谓齿槽力,是电机永磁体和定子铁芯之间相互作用产生的力矩,是由永磁体与电枢齿之间相互作用力的切向分量引起的。齿槽力较大的情况下,可以产生的危害包括使电机产生振动和噪声

（运行波动），导致电机及其系统不能平稳运行。分析很多文献资料的结果表明，永磁直线发电机的端部气隙磁通分布对于齿槽力幅值的大小具有较大的影响。本节着重从解析法的角度分析永磁直线发电机的端部气隙磁通分布，并在此基础上推导出一种减小齿槽力幅值的方法。

图 3-5 是图 3-1 的磁阻模型。图 3-5 中，每一个永磁体的磁阻被分成两部分，分别与永磁体相邻的永磁体组成磁阻回路，X_i 表示永磁体磁阻的分布系数，且 $X_i + X_{i+1} = 1$。这样，每一个永磁直线发电机的磁阻模型包括 N 个永磁体和 $N-1$ 条磁路。

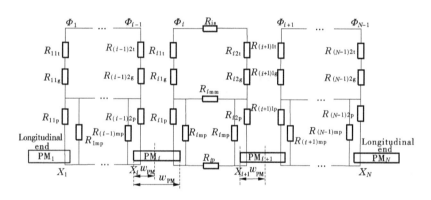

图 3-5　磁阻模型

根据磁通、磁动势和磁阻之间的关系，每一个磁阻回路的磁通可以描述为

$$\Phi_i = \frac{2F_{PM}}{R} = \frac{2H_c h_{PM}}{(R_{i1p} + R_{i1g} + R_{i1t} + R_{i2p} + R_{i2g} + R_{i2t} + R_{ip} + R_{is})}$$
$$i = 1, 2, \cdots \qquad (3\text{-}8)$$

式中：F_{PM} 为永磁体的磁动势；H_c 为永磁体的矫顽力。

假设磁阻模型是非饱和的，那么永磁直线发电机的定子铁芯磁阻 R_s 和动子铁芯磁阻 R_p 可以忽略，则式(3-8)可以重新描述为

$$\Phi_i = \frac{2F_{PM}}{R} = \frac{2H_c h_{PM}}{(R_{i1p} + R_{i1g} + R_{i2p} + R_{i2g})} \qquad i = 1, 2, \cdots \quad (3\text{-}9)$$

式中

$$R_{i1p} = \frac{h_{PM}}{\mu_0 \mu_{PM} \pi 2 r_{PM} (1 - X_i) w_{PM}} \qquad i = 1, 2, \cdots \qquad (3-10)$$

$$R_{i1g} = \frac{h_g}{\mu_0 \pi 2 r_{PM} (1 - X_i) a_i w_{PM}} \qquad i = 1, 2, \cdots \qquad (3-11)$$

$$R_{i2p} = \frac{h_{PM}}{\mu_0 \mu_{PM} \pi 2 r_{PM} X_{i+1} w_{PM}} \qquad i = 1, 2, \cdots \qquad (3-12)$$

$$R_{i2g} = \frac{h_g}{\mu_0 \pi 2 r_{PM} X_{i+1} a_i w_{PM}} \qquad i = 1, 2, \cdots \qquad (3-13)$$

式中:μ_{PM} 为永磁体的相对磁导率;r_{PM} 为永磁体的外径;a_i 为极弧系数。

根据磁能密度式 $\rho_{mp} = B_{mc}^2 / (2\mu_{PM}) = (\Phi_M / S_{mc})^2 / (2\mu_{PM})$,则每一个磁阻回路的磁能 U_i 可以描述为

$$U_i = \rho_i V_i = \frac{1}{2\mu} \left[\frac{\Phi_i^2}{(1 - X_i)(w_{PM} \pi 2 r_{PM})^2} + \frac{\Phi_i^2}{X_{i+1}(w_{PM} \pi 2 r_{PM})^2} \right] \cdot$$
$$(w_{PM} \pi 2 r_{PM} h_{PM}) \qquad (3-14)$$

把式(3-9)代入式(3-14)可得

$$U_{total} = \sum_{i=1}^{N-1} \frac{1}{2\mu} \frac{h_{PM}}{w_{PM} \pi 2 r_{PM}} \frac{4(H_c h_{PM})^2}{(R_{i1p} + R_{i1g} + R_{i2p} + R_{i2g})^2} \left(\frac{1 - X_i + X_{i+1}}{(1 - X_i) X_{i+1}} \right)$$
$$(3-15)$$

一般地,永磁直线发电机的极弧系数 $a_i = 0.6 \sim 0.8$,因为只有这样,磁通分布才能接近于正弦曲线,进而使发电机的感应电动势也接近于正弦曲线。

根据永磁直线发电机齿槽力与磁能之间的关系,则永磁直线发电机齿槽力 F_{ts} 可以描述为磁能 U_{total} 对位移 x 的微分,即

$$F_{ts} = \frac{\partial U_{total}}{\partial x} = \sum_{i=1}^{N-1} \frac{1}{2\mu} \frac{h_{PM}}{w_{PM} \pi 2 r_{PM}} \frac{4(H_c h_{PM})^2}{(R_{i1p} + R_{i1g} + R_{i2p} + R_{i2g})^2} \cdot$$
$$\left(\frac{1 - X_i + X_{i+1}}{(1 - X_i) X_{i+1}} \right) \frac{\partial^2 (\sin(x))}{\partial x} \qquad (3-16)$$

式(3-16)表明,可以通过改变圆筒型永磁直线发电机两端的分布

系数 X_1 和 X_N,达到减小齿槽力 F_{ts} 的目的。若要改变分布系数 X_1 和 X_N,可以通过改变圆筒型永磁直线发电机的边端槽宽 w_{es} 和边端齿宽 w_{et} 来实现。

表 3-4 给出了圆筒型永磁直线发电机的结构尺寸参数,图 3-6 给出了通过改变边端槽宽 w_{es} 的齿槽力仿真计算结果。

表 3-4　圆筒型永磁直线发电机的结构尺寸参数

结构	项目	符号	尺寸(mm)或材料
定子	极距	τ	49
	齿宽	w_t	32
	槽宽	w_s	18
	每相绕组匝数		260
	铁芯材料		DR510-50
	绕组材料		铜
动子	永磁体高度	h_{PM}	4
	永磁体宽度	w_{PM}	36
	永磁体材料		NdFe35
	铁芯材料		DR510-50
气隙	气隙宽度	h_g	2

如图 3-6 所示,当圆筒型永磁直线发电机的边端槽宽是 w_{es} = 18 mm,其齿槽力的峰-谷值为 457.2 N;采用改变边端槽宽(w_{es} = 13.5 mm)之后,齿槽力的峰-谷值为 123.6 N。在这种情况下,齿槽力减少了 73%。需要注意的是,在改变边端槽宽之后,圆筒型永磁直线发电机齿槽力的峰-谷值虽然得到大幅度地降低,但其齿槽力波动的频率却得到了增强。对波浪发电系统而言,在齿槽力的峰-谷值得到大幅度的降低之后,齿槽力的频率对于系统的运行效率没有影响。

事实上,在边端槽宽 w_{es} = 13.5 mm 的基础上,还可以通过改变边端齿宽 w_{et} 的方式,进一步减小齿槽力的峰-谷值,如图 3-7 所示。当在边端齿宽 w_{et} = 11 mm 的情况下,齿槽力的峰-谷值为 94.4 N。

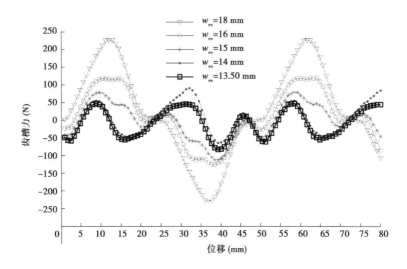

图 3-6　齿槽力与边端槽宽 w_{es} 的关系

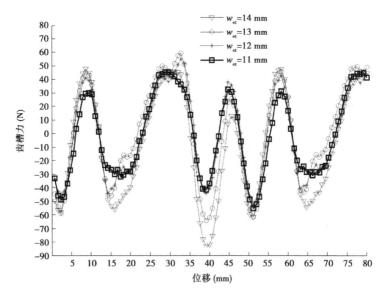

图 3-7　齿槽力与边端齿宽 w_{et} 的关系

如第 2 章的单浮筒波浪发电系统的仿真试验一节所述,由于圆筒型永磁直线发电机的齿槽力较大,导致图 2-9(b)的浮筒垂直速度曲线出现了不平滑的波动现象。现在,采用改变端部槽宽和端部齿宽的方法后,圆筒型永磁直线发电机的齿槽力得到了很大程度的降低,浮筒的垂直速度曲线将会接近平滑,并与波浪水槽的波面垂直速度达到共振(在优化浮筒重量的前提下)。在这种情况下,单浮筒波浪发电系统输出的空载感应电动势如图 3-8 所示。

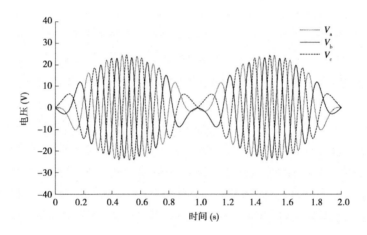

图 3-8 单浮筒波浪发电系统的空载感应电动势

单浮筒波浪发电系统在负载情况下,其输出功率的理论计算结果如图 3-9 所示。与系统优化(浮筒重量的优化和圆筒型永磁直线发电机齿槽力的优化)前相比,优化后的单浮筒波浪发电系统的输出功率有了显著的提高。

在圆筒型永磁直线发电机的尺寸设计过程中,除需要减小齿槽力,还需要考虑改变边端齿宽和槽宽对电机的其他性能参数的影响,例如感应电动势的高次谐波含量等。因此,圆筒型永磁直线发电机的优化设计,需要从整体性能的角度综合考虑。

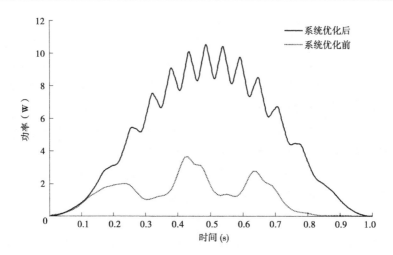

图 3-9　单浮筒波浪发电系统的输出功率

3.4　气隙磁场分布

　　永磁直线电机气隙磁场分布的求解方法有很多种,其中一种是把气隙宽度和永磁体厚度等效成一个合成参数,并采用基于许-克变换理论的解析计算方法,解得永磁直线发电机的气隙磁场分布。然而,利用有限元计算方法进行验证表明,针对定子铁芯矩形开槽的永磁直线发电机而言,基于许-克变换理论的解析计算方法并不能准确地计算其气隙磁场的分布情况。

　　采用偏微分方程和分离变量法求解定子铁芯无槽情况下的气隙磁场分布,是许-克变换理论求解定子铁芯开槽情况下气隙磁场分布的前提和基础,但文献[20]未能合理地处理永磁体等效磁化电流密度和偏微分方程之间的关系,从而也无法较为准确地计算定子铁芯无槽情况下的气隙磁场的分布。

　　与传统许-克变换理论不同的是,本节采用改进的许-克变换理论,其主要特点是拆分了永磁直线电机气隙宽度和永磁体厚度的等效形式,分别从二者各自的因素,建立永磁直线发电机的气隙磁场分布模

型,具体步骤如下:

(1)在永磁直线发电机定子铁芯无槽的情况下,利用分离变量法和永磁体等效磁化电流密度,求解具有边界条件的偏微分方程,从而较为准确地得到气隙磁场分布。

(2)在永磁直线发电机定子铁芯开槽的情况下,分析漏磁通因素影响下的气隙宽度与定子铁芯齿宽之间的关系,从而解得气隙相对磁导分布函数。

(3)对改进的许-克变换理论解得的气隙相对磁导分布函数加以修正。

(4)利用步骤(1)、(2)和(3)的计算结果,计算定子铁芯矩形开槽永磁直线发电机的气隙磁场分布。

3.4.1　气隙磁场分布模型

按照定子铁芯和动子铁芯的长度大小,可以把永磁直线发电机分为长定子型和长动子型。无论是长定子型还是长动子型,对于永磁直线发电机气隙磁场模型的建立没有直接的影响。图 3-10 是一个长定子矩形开槽圆筒型永磁直线发电机的轴对称剖面结构示意图。

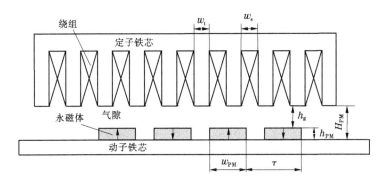

图 3-10　长定子矩形开槽圆筒型永磁直线发电机的轴对称剖面结构示意图

3.4.1.1　定子铁芯无槽的气隙磁场分布

图 3-11 是长定子圆筒型永磁直线发电机定子铁芯无槽的气隙磁场分布模型。一般地,为了建立气隙磁场分布的偏微分方程组和边界

条件,做如下 4 个假设条件:

(1)永磁体的充磁均匀,且其充磁方向沿着±y 的方向传播。

(2)定子铁芯没有开槽,定子铁芯的内壁可以假定为一个均匀的水平面。

(3)定子铁芯和动子铁芯的磁导率 $\mu_x = \mu_y = \infty$。

(4)永磁体之间的空间由动子铁芯材料充满。

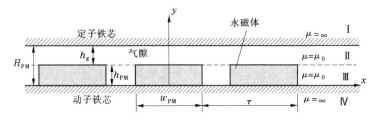

图 3-11 长定子圆筒型永磁直线发电机定子铁芯无槽的气隙磁场分布模型

基于上述 4 个假设条件和等效电流法(Equivalent Current Method),图 3-11 区域Ⅱ和区域Ⅲ的磁矢位方程为

$$\frac{\partial A_{MP2}^2(x,y)}{\partial x^2} + \frac{\partial A_{MP2}^2(x,y)}{\partial y^2} = 0 \qquad 区域 \ Ⅱ \qquad (3-17)$$

$$\frac{\partial A_{MP3}^2(x,y)}{\partial x^2} + \frac{\partial A_{MP3}^2(x,y)}{\partial y^2} = -\mu_0 J_m \qquad 区域 \ Ⅲ \qquad (3-18)$$

区域Ⅱ的边界条件为

$$\begin{cases} \dfrac{\partial A_{MP2}}{\partial y}\Big|_{x=0} = 0 \\[3mm] \dfrac{\partial A_{MP2}}{\partial y}\Big|_{x=\frac{\tau}{2}} = 0 \\[3mm] \dfrac{\partial A_{MP2}}{\partial y}\Big|_{y=h_g} = 0 \end{cases} \qquad (3-19)$$

区域Ⅲ的边界条件为

$$\begin{cases} \dfrac{\partial A_{MP3}}{\partial y} \Big|_{x=0} = 0 \\[3mm] \dfrac{\partial A_{MP3}}{\partial y} \Big|_{x=\frac{\tau}{2}} = 0 \\[3mm] \dfrac{\partial A_{MP3}}{\partial y} \Big|_{y=-h_{PM}} = 0 \end{cases} \qquad (3\text{-}20)$$

区域Ⅱ和区域Ⅲ的相邻边界条件为

$$\frac{\partial A_{MP2}}{\partial y} \Big|_{y=0} = \frac{\partial A_{MP3}}{\partial y} \Big|_{y=0} \qquad (3\text{-}21)$$

这里,磁导率 $\mu_0 = 4\pi \times 10^{-7}$ (Hz/m), A_{MP2} 和 A_{MP3} 分别为区域Ⅱ和区域Ⅲ的磁矢位, J_m 为永磁体的等效磁化电流密度,其表达式是

$$J_m = -\frac{4B_r}{\mu_0 \tau} \sum_{n=1}^{\infty} \sin\left(\frac{2n-1}{2\tau}\pi w_{PM}\right) \sin\left(\frac{2n-1}{\tau}\pi x\right) \qquad (3\text{-}22)$$

式中, B_r 为剩余磁化强度; τ 为直线发电机的极距(见图 3-11); w_{PM} 为永磁体的长度。根据边界条件式(3-19)~式(3-21),可以求解区域Ⅱ和区域Ⅲ的磁矢位方程,并根据磁矢位和磁通密度之间的关系,可以得到永磁直线发电机的气隙磁通密度分布 B_g

$$B_g = \sqrt{B_x^2 + B_y^2} \qquad (3\text{-}23)$$

$$B_x = \frac{4B_r}{\pi} \sum_{n=1}^{\infty} b(n) \sin\left(\frac{2n-1}{\tau}\pi x\right) \text{sh}\left[\frac{2n-1}{\tau}\pi(h_g - y)\right] \qquad (3\text{-}24)$$

$$B_y = \frac{4B_r}{\pi} \sum_{n=1}^{\infty} b(n) \cos\left(\frac{2n-1}{\tau}\pi x\right) \text{ch}\left[\frac{2n-1}{\tau}\pi(h_g - y)\right] \qquad (3\text{-}25)$$

$$b(n) = \frac{1}{2n-1} \sin\left(\frac{2n-1}{2\tau}\pi w_{PM}\right) \frac{\text{sh}\left(\dfrac{2n-1}{\tau}\pi h_{PM}\right)}{\text{sh}\left(\dfrac{2n-1}{\tau}\pi H_{PM}\right)} \qquad (3\text{-}26)$$

式中: B_x 为气隙磁场 x 方向的磁通密度; B_y 为气隙磁场 y 方向的磁通密度。

如图 3-12 所示,是分别采用解析法[见式(3-23)]和有限元法,计算所得定子铁芯无槽情况下的一个极距气隙磁场分布。其中,永磁体

厚度 $h_{PM} = 10$ mm，永磁体长度 $w_{PM} = 50$ mm，气隙宽度 $h_g = 5$ mm，极距 $\tau = 69$ mm。与有限元法的计算结果相比较，解析法的计算结果是较为准确的，这为定子铁芯矩形开槽情况下的气隙磁场分布解析计算奠定了基础。

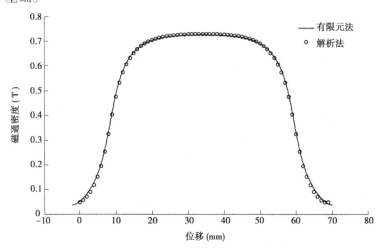

图 3-12　定子铁芯无槽情况下的气隙磁场计算结果

3.4.1.2　定子铁芯矩形开槽的气隙磁场分布

永磁直线发电机定子铁芯矩形开槽后，可以导致永磁体的一小部分磁力线不经过定子铁芯（见图 3-2），而是直接与动子铁芯形成闭合的磁力线回路 Φ_{MP}，或与相邻永磁体和动子铁芯形成闭合的磁力线回路 Φ_{MM}，在这种情况下，就出现了磁场的齿槽效应。齿槽效应是气隙漏磁通系数增大的主要原因，并影响感应电动势的谐波分量和性能。本节提出的改进许-克变换理论，可以通过解析法准确地计算永磁直线发电机定子铁芯矩形开槽之后的气隙磁场分布，为采用有限元法进一步精确地优化电机结构尺寸奠定了基础。

图 3-13 是改进许-克变换理论的坐标平面变换过程，其主要特点是把永磁体厚度和气隙宽度区别对待，对传统许-克变换理论的 z 坐标平面和 w 坐标平面进行调整，从而可以更加准确地解析计算定子铁芯矩形开槽永磁直线发电机的气隙磁场分布。如图 3-13(a) 所示，改进

的许-克变换坐标平面(x',y)是在传统的许-克变换坐标平面(x,y)基础上建立的。改进的许-克变换理论的变换过程如下所述。

1.z 坐标平面变换到 w 坐标平面

借鉴传统的许-克变换理论,把图 3-13(a)的 z 坐标平面(x',y)变换成图 3-13(b)的 w 坐标平面(u',v),则 w 坐标平面(u',v)的 u_2、u_3、u_4、u_5 分别对应于 z 坐标平面(x',y)的 z_2、z_3、z_4、z_5。z 坐标平面(x',y)对 w 坐标平面(u',v)的微分为

$$\frac{\mathrm{d}z}{\mathrm{d}w} = k_{z1}(w+q)^{0.5}(w+1)^{-1}(w-1)^{-1}(w-q)^{0.5} \quad (3-27)$$

式中:k_{z1} 为一个待求复数;q 为一个大于 1 的常数。

根据 z 坐标平面与 w 坐标平面之间的对应关系,对待求复数 k_{z1} 作回路积分运算,则可得

$$-w_s = \lim_{r \to \infty} k_{z1} \int_0^\pi (r_1 - r_2) \frac{(r^2 \mathrm{e}^{\mathrm{i}2\theta} - q^2)^{0.5}}{(r^2 \mathrm{e}^{\mathrm{i}2\theta} - 1)} \mathrm{i} r \mathrm{e}^{\mathrm{i}\theta} \mathrm{d}\theta$$
$$\Rightarrow k_{z1} = \frac{\mathrm{i} w_s}{\pi h_g} \quad (3-28)$$

对微分方程(3-27)作积分运算,则

$$z = \frac{\mathrm{i} w_s}{\pi h_g} \int \frac{(w^2 - q^2)^{0.5}}{w^2 - 1} \mathrm{d}w + k_{z2} \quad (3-29)$$

积分方程式(3-29)的 k_{z2} 为一个待求参数,其求解方法是令 $s = w/\sqrt{w^2 - q^2}$,经过变换可得

$$z = \frac{\mathrm{i} w_s}{\pi h_g} \left\{ \frac{1}{2} \ln \frac{1+s}{1-s} + (q^2 - 1)^{0.5} \arctan[(q^2 - 1)^{0.5} s] \right\} + k_{z2}$$

$$(3-30)$$

由 z 坐标平面与 w 坐标平面之间的对应关系可得 $z = 0 \Leftrightarrow w = 0$,所以式(3-29)和式(3-30)中的常数项 $k_{z2} = 0$。特别地,由 $z_2 = -w_s/2 + \mathrm{i} h_g$ 可得 $u_2 = -q$,则根据式(3-30)可以解得 q 和 h_g 之间的关系式为

$$q^2 = 1 + \left(\frac{2h_g}{w_s} \right)^2 \quad (3-31)$$

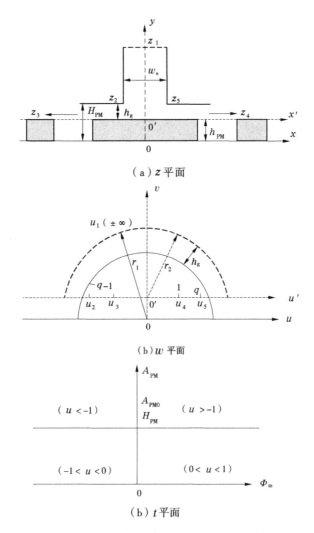

(a) z 平面

(b) w 平面

(b) t 平面

图 3-13　改进许-克变换理论的坐标平面变换过程

2. w 坐标平面变换到 t 坐标平面

如图 3-13(c)所示,是改进许-克变换理论的第二次变换结果(w 坐标平面变换到 t 坐标平面)。其中,$A_{PM}=0$ 为直线发电机的永磁体表面磁矢位,$A_{\mathrm{PM0}}/H_{\mathrm{PM}}$ 为定子铁芯的内表面磁矢位,$\varPhi_{\mathrm{m}}$ 表示磁通。t 坐标平面的横坐标对应 w 坐标平面的 u_3 和 u_4。由于 $u_3 = -1$ 和 $u_4 = 1$,可得 t 坐标平面对 w 坐标平面的微分为

$$\frac{\mathrm{d}t}{\mathrm{d}w} = k_{z3}(w+1)^{-1}(w-1)^{-1} = \frac{k_{z3}}{w^2-1} \qquad (3\text{-}32)$$

对式(3-32)作积分运算,可得到 t 坐标平面对 w 坐标平面的关系为

$$t = \frac{k_{z3}}{2}\ln\frac{1+w}{1-w} + k_{z4} \qquad (3\text{-}33)$$

同样地,由 t 坐标平面对 w 坐标平面的对应关系 $w=0 \Leftrightarrow t=0$,可以解得式(3-33)的常数 $k_{z4} = 0$。又因为 $w = \pm\infty \Leftrightarrow t = \mathrm{i}A_{\mathrm{PM}}/H_{\mathrm{PM}}$,可得式(3-33)的常数项

$$k_{z3} = \frac{2A_{\mathrm{PM}}}{H_{\mathrm{PM}}\pi} \qquad (3\text{-}34)$$

根据传统的许-克变换理论,气隙磁通密度可以由 z 坐标平面、w 坐标平面和 t 坐标平面之间的微分解得,亦

$$B_{\mathrm{ISC}} = \mu_0\left|\frac{\mathrm{d}t}{\mathrm{d}w}\right| \cdot \left|\frac{\mathrm{d}w}{\mathrm{d}z}\right| \qquad (3\text{-}35)$$

把式(3-27)、式(3-28)和式(3-31)代入式(3-35)可得

$$B_{\mathrm{ISC}} = \mu_0\frac{A_{\mathrm{PM}}}{H_{\mathrm{PM}}}\frac{1}{\sqrt{1+\left(\frac{w_{\mathrm{s}}}{2h_{\mathrm{g}}}\right)^2-\left(\frac{w_{\mathrm{s}}}{2h_{\mathrm{g}}}w\right)^2}} \qquad w=0\sim1 \quad (3\text{-}36)$$

通过改进许-克变换理论推导得到的气隙磁通密度分布式(3-36)与传统许-克变换理论的气隙磁通密度分布式做比较可知,改进许-克变换理论的气隙磁通密度分布式(3-36)把气隙宽度 h_{g} 和永磁体厚度 h_{PM} 区别开来,而不是像传统的许-克变换理论那样,把气隙宽度 h_{g} 和永磁体厚度 h_{PM} 视作一个合成气隙宽度。

由上述理论推导过程可知,采用改进许-克变换理论求解矩形开槽永磁直线发电机一个槽距(槽宽与齿宽的和)气隙磁通密度的过程为:首先通过式(3-36)解得与 w 相对应的 B_{ISC},其中 $w=0\sim1$;然后根据式(3-29)和式(3-31)解得不同 w 对应的 z;而又因为 $x=z$,所以就能解得

矩形开槽永磁直线发电机一个槽距气隙磁通密度与坐标位置 x 的关系。

3.4.1.3　气隙相对磁导分布函数的修正

根据式（3-36），只能求得矩形开槽永磁直线发电机一个槽距内的气隙磁通密度分布情况，若要求得一个极距间的气隙磁通密度分布情况，还需要考虑永磁直线发电机的气隙相对磁导分布函数，具体过程如下：

（1）如图 3-4（a）所示，在矩形开槽永磁直线发电机的齿中心线上，式（3-36）的参数 $w=1$，则在此位置的气隙磁通密度达到最大值

$$B_{\text{ISC}}^{\max} = \mu_0 \frac{A_{\text{PM}}}{H_{\text{PM}}} \tag{3-37}$$

（2）如图 3-4（b）所示，在矩形开槽永磁直线发电机的槽中心线上，式（3-36）的参数 $w=0$，则在此位置的气隙磁通密度达到最小值

$$B_{\text{ISC}}^{\min} = \mu_0 \frac{A_{\text{PM}}}{H_{\text{PM}}} \frac{1}{\sqrt{1 + \left(\dfrac{w_s}{2h_g}\right)^2}} \tag{3-38}$$

（3）假设忽略矩形开槽永磁直线发电机的气隙漏磁通因素，则其气隙宽度大于或等于定子铁芯齿宽（$h_g \geqslant w_t$）的气隙相对磁导分布函数为

$$\overline{\lambda}_1(x) = \delta_0 + \sum_{n=1}^{\infty} \delta_n \cos\left(\frac{2n\pi}{w_s + w_t}x\right) \qquad 0 \leqslant |x| \leqslant w \tag{3-39}$$

式（3-39）中

$$\delta_0 = 1 - 1.6 \frac{w_s}{w_s + w_t}\xi(y) \tag{3-40}$$

$$\xi(y) = \frac{(B_{\text{ISC}}^{\max} - B_{\text{ISC}}^{\min})}{2B_{\text{ISC}}^{\max}} \tag{3-41}$$

$$\delta_n = -\frac{4}{n\pi}\xi(y)\left(0.5 + \frac{\left(\dfrac{w_s}{w_s + w_t}n\right)^2}{0.78215 - 2\left(\dfrac{w_s}{w_s + w_t}n\right)^2}\right)\sin\left(1.6\pi\frac{w_s}{w_s + w_t}n\right) \tag{3-42}$$

（4）同样地，忽略矩形开槽永磁直线发电机的气隙漏磁通因素，则

其气隙宽度小于定子铁芯齿宽($h_g < w_t$)的气隙相对磁导分布函数为

$$\bar{\lambda}_2(x) = \begin{cases} 1 - \xi(y) - \xi(y)\cos\left(\dfrac{\pi x}{0.8w_s}\right) & 0 \leqslant |x| \leqslant 0.8w_s \\ 1 & 0.8w_s < |x| \leqslant (w_s + w_t) \end{cases}$$

$$(3\text{-}43)$$

所以,根据气隙宽度与定子铁芯齿宽之间的关系,一个极距间的气隙磁通密度为

$$B = \begin{cases} B_g \cdot \bar{\lambda}_1(x) & h_g \geqslant w_t \\ B_g \cdot \bar{\lambda}_2(x) & h_g < w_t \end{cases} \qquad (3\text{-}44)$$

实际上,式(3-44)只能准确地计算与永磁直线发电机的永磁体相对应的气隙磁通密度。对于计算与永磁体之间($\tau - w_{PM}$)相对应的气隙磁通密度,式(3-44)的计算结果与有限元法的计算结果相比,其误差较大。这种现象是气隙漏磁通引起的,如图3-4所示。在这里,借鉴传统许-克变换方法,永磁体之间($\tau - w_{PM}$)的修正函数是

$$k(x) = \begin{cases} e^{\frac{\tau - w_{PM} - 2x}{4h_{PM}}} & 0 \leqslant |x| \leqslant \dfrac{\tau - w_{PM}}{2} \\ 1 & \dfrac{\tau - w_{PM}}{2} < |x| < \dfrac{\tau + w_{PM}}{2} \\ e^{\frac{2x - \tau - w_{PM}}{4h_{PM}}} & \dfrac{\tau + w_{PM}}{2} \leqslant |x| \leqslant \tau \end{cases} \qquad (3\text{-}45)$$

综上所述,引入修正函数式(3-45)之后,定子铁芯矩形开槽永磁直线发电机一个极距内的气隙磁通密度分布为

$$B = \begin{cases} B_g \cdot \bar{\lambda}_1(x) \cdot k(x) & h_g \geqslant w_t \\ B_g \cdot \bar{\lambda}_2(x) \cdot k(x) & h_g < w_t \end{cases} \qquad (3\text{-}46)$$

3.4.2　有限元验证

采用有限元法和传统许-克变换理论计算气隙磁通密度的分布,并与本节提出的改进许-克变换理论相比,从而验证改进许-克变换理

论的可行性和准确性。表 3-5 为矩形开槽永磁直线发电机的主要尺寸和材料列表。

表 3-5　矩形开槽永磁直线发电机的主要尺寸和材料列表

名称	符号	尺寸(mm)或材料
极距	τ	69
槽宽	w_s	7
齿宽	w_t	5
定子和动子铁芯材料		Steel1010
永磁体高度	h_{PM}	10
永磁体长度	w_{PM}	50
永磁体材料		Nd-Fe-B

3.4.2.1　气隙宽度大于或等于定子铁芯齿宽

采用式(3-39)和传统的许-克变换理论,计算所得的气隙宽度大于或等于定子铁芯齿宽($h_g \geqslant w_t$)的气隙相对磁导分布如图 3-14 所示(气隙宽度 $h_g = 5$ mm)。从该图中可以看出,改进的许-克变换理论解得的气隙相对磁导峰-谷值远大于传统的许-克变换法解得的气隙相对磁导峰-谷值,这说明了改进的许-克变换法能够充分考虑永磁体厚度和气隙宽度对于气隙磁场分布的影响。

在气隙宽度 $h_g = 5$ mm 的情况下,采用改进的许-克变换理论、传统的许-克变换理论和有限元法对定子铁芯矩形开槽永磁直线发电机一个极距气隙磁通密度进行计算的结果如图 3-15 所示。

在气隙宽度 $h_g = 7$ mm 的情况下,采用改进的许-克变换理论、传统的许-克变换理论和有限元法对定子铁芯矩形开槽永磁直线发电机一个极距气隙磁通密度进行计算的结果如图 3-16 所示。

图 3-15 和图 3-16 的比较结果表明,针对定子铁芯矩形开槽永磁直线发电机气隙宽度大于或等于定子铁芯齿宽($h_g \geqslant w_t$)的情况,改进的许-克变换理论可以较为合理地计算气隙磁场分布。

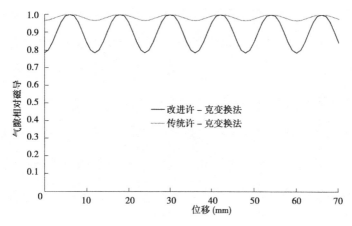

图 3-14　气隙相对磁导分布（$h_g = 5$ mm）

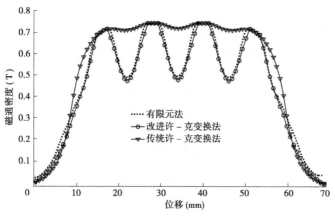

图 3-15　气隙磁场分布（$h_g = 5$ mm）

3.4.2.2　气隙宽度小于定子铁芯齿宽

采用式（3-39）和传统的许-克变换理论，计算所得的气隙宽度小于定子铁芯齿宽（$h_g < w_t$）的气隙相对磁导分布如图 3-17 所示（气隙宽度 $h_g = 3$ mm）。

气隙宽度 $h_g = 3$ mm，采用改进的许-克变换理论、传统的许-克变换理论和有限元法对定子铁芯矩形开槽永磁直线发电机一个极距气隙

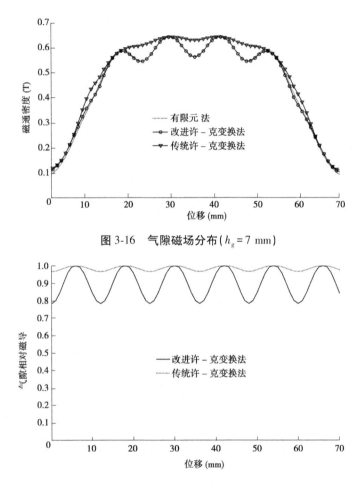

图 3-16　气隙磁场分布($h_g = 7$ mm)

图 3-17　气隙相对磁导分布($h_g = 3$ mm)

磁通密度进行计算的结果如图 3-18 所示。由图 3-18 可知,改进许-克变换理论的计算结果与有限元法的计算结果出现了偏差,特别是在永磁体之间的位置(0~10 mm 和 60~70 mm)。出现这种现象是随着永磁直线发电机的气隙宽度变小,定子铁芯齿槽出现局部饱和现象引起的。此外,气隙宽度的变小,也会增大气隙漏磁系数。

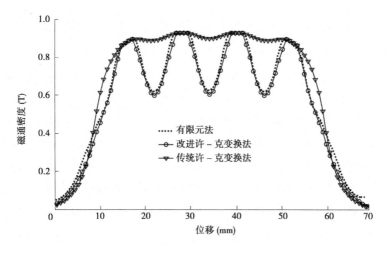

图 3-18　气隙磁场分布($h_g = 3$ mm)

通过上述有限元验证和分析,表明本节提出的改进的许-克变换理论,对于定子铁芯矩形开槽永磁直线发电机气隙磁场分布的初步设计和分析是有效的、可行的。

3.5　本章小结

本章首先阐述了有限元法和解析法应用于永磁电机电磁场计算和分析的优缺点。然后建立了圆筒型永磁直线发电机的磁路模型,在此基础上解析计算了圆筒型永磁直线发电机的气隙漏磁通系数,并采用有限元法加以验证。此外,基于磁路模型,完成了端部气隙磁场的计算和分析,推导出了一种减小圆筒型永磁直线发电机齿槽力的方法。

把本章推导出的减小永磁直线发电机齿槽力的方法应用于第 2 章单浮筒波浪发电系统中,该波浪发电系统输出的感应电动势质量和功率得到了大大提高,从而表明减小齿槽力可以提高波浪发电系统的运行效率。

最后,本章提出了一种改进的许-克变换理论,用于对永磁直线发电机气隙磁场分布的解析计算,并采用有限元法做以验证。该解析计算技术不仅考虑了永磁直线电机的合成气隙,还考虑了永磁直线电机的实际气隙。此外,由于永磁体之间的漏磁通因素,本章还对永磁体之间的气隙磁导分布函数加以修正。解析计算和有限元仿真相比表明,与传统的许-克变换理论相比较,改进的许-克变换理论更适合于永磁直线发电机气隙磁场分布的解析计算。因此,仿真分析和试验证实了该解析计算技术的可行性,从而为矩形开槽永磁直线电机的初步结构优化和设计提供了可靠的参考依据。

永磁直线发电机的气隙磁场分析和计算,为波浪发电用永磁直线发电机的优化设计奠定了基础,也为双浮筒漂浮式波浪发电系统的优化设计、建造和海试试验提供了有利条件。

参考文献

[1] 汤蕴璆. 电机内的电磁场[M]. 北京:科学出版社,1998.

[2] Mahmoudi A,Rahim N A,Ping H W. Axial-flux permanent-magnet motor design for electric vehicle direct drive using sizing equation and finite element analysis [J]. Progress In Electromagnetics Research,2012,12(1):467-496.

[3] Terata M,Fujii N. Permanent magnet linear synchronous motor with high air-gap flux density for transportation[J]. International Journal of Applied Electromagnetics and Mechanics,2012,39:997-1003.

[4] 李志强,胡箔,祝丽芳,等. 同步发电机有限元磁场计算中端点量迭代的改进算法[J]. 电工技术学报,2008,23(12):35-41.

[5] 罗炜,李志强,罗应立. 用于平滑处理的卷积运算及其在有限元磁场分析后处理中的应用[J]. 电工技术学报,2009,24(4):1-5.

[6] 何山,王维庆,张新燕,等. 双馈风力发电机多种短路故障电磁场仿真研究[J]. 电力系统保护与控制,2013,41(12):41-46.

[7] 崔鹏,张锟,李杰. 基于许-克变换的悬浮电磁铁力与转矩解析计算[J]. 中国电机工程学报,2010,30(24):129-134.

[8] Tsai W,Chang T. Analysis of flux leakage in a brushless permanent-magnet motor with embedded magnets[J]. IEEE Transactions on Magnetics,2009,35(1):543-547.

[9] Hanselman D C. Brushless Permanent-Magnet Motor Design[M]. New York:

McGraw-Hill, 1994.

[10] Qu R, Lipo. Dual-rotor, radial-flux, toroidally-wound, permanent-magnet machines[C]. 37th Annual Meeting of the Industry-Applications-Society, 2002, 1281-1288.

[11] Boughrara K,Zarko D,Ibtiouen R,et al. Magnetic field analysis of inset and surface-mounted permanent magnet synchronous motors using Schwarz-Christoffel transformation[J]. IEEE Transactions on Magnetics,2009,45(8):3166-3178.

[12] Krop D C J,Lomonova E A,Vandenput A J A. Application of Schwarz-Christoffel mapping to permanent-magnet linear motor analysis[J]. IEEE Transactions on Magnetics,2008,44(3):352-359.

[13] Gysen B L L, Lomonova E A,Paulides J J, et al. Analytical and numerical techniques for solving Laplace and Poisson equations in a tubular permanent magnet actuator:Part II. Schwarz-Christoffel mapping[J]. IEEE Transactions on Magnetics,2008,44(7):1761-1767.

[14] 卢晓慧,梁加红. 表面式永磁电机气隙磁场分析[J]. 电机与控制学报,2011, 15(7):16-20.

[15] 赵镜红,张俊洪,方芳,等. 径向充磁圆筒永磁直线同步电机磁场和推力解析计算[J]. 电工技术学报,2011,26(27):154-160.

[16] 王淑红,熊光煜. 永磁直线同步电动机气隙磁场及磁阻力分析[J]. 煤炭学报,2006,31(6):824-828.

[17] 赵博,张洪亮. Ansoft 12 在工程电磁场中的应用[M]. 北京:中国水利水电出版社,2010.

[18] 胡之光. 电机电磁场的分析与计算[M]. 北京:机械工业出版社,1989.

[19] 张颖. 永磁同步直线电机磁阻力分析及控制策略研究[D]. 武汉:华中科技大学,2008.

[20] 游亚戈,李伟,刘伟民,等. 海洋能发电技术的发展现状与前景[J]. 电力系统自动化, 2010,34(14):1-12.

第4章 双浮筒漂浮式波浪发电系统模型和设计

4.1 引 言

第2章研究了单浮筒波浪发电系统在波浪水槽实验室的运行特性。试验结果分析表明,浮筒垂直运动速度曲线的不平滑波动源于永磁直线发电机的齿槽力。因此,第3章在解析计算永磁直线发电机气隙磁场分布的基础上,推导出了一种减少永磁直线发电机齿槽力的方法,并采用有限元法做了验证。

然而,由于其自身结构对于支架平台(见图2-4)的依赖性,以及海洋波浪的不规则特性、海上投放成本和难度等因素,波浪水槽实验室建立的单浮筒波浪发电系统并不能直接应用于海试试验和常规海洋波浪发电运行。

本章将在第2章的基础上,建立适合于海洋波浪环境的双浮筒漂浮式波浪发电系统。首先,通过格林函数理论和 Froude-Krylov 力,研究双浮筒在海洋波浪中的运动特性。然后,考虑到浮筒防海水腐蚀因素的同时,也根据海试试验地点的波浪特性,设计双浮筒的结构。最后,对双浮筒漂浮式波浪发电系统的直线发电机设计、数据采集和通信系统设计,以及锚链系泊系统设计做了必要的分析和阐述。

4.2 系统模型

如第2章的单浮筒波浪发电装置在波浪水槽的试验过程,虽然该种类型的波浪发电装置能够在实验室波浪水槽中实现较好的试验效果,但由于波浪水槽的波浪运动比较规则,并不能等效于该发电装置能够稳定地运行在非规则波浪的海洋环境中。当把该类型的波浪发电装置应用于海洋波浪中的情况下时,由于装置的结构特征(部件之间是硬性连接)无法承受较大的海洋波浪力的冲击,从而将会影响装置长期在海洋波浪中运行的稳定性。

实际上,海洋波浪在运动过程中,其水平方向力和垂直方向力对海上平台的破坏性很大,尤其是对于海上固定平台而言。此外,由于我国沿海每年的夏季和秋季时节均会受到各种台风、飓风等极端恶劣海洋气候的影响,所以海上平台的设计和安装投放等工作更需要引起工程技术人员的科学分析和研究。

本章提出通过外浮筒和内浮筒之间的相对垂直运动,直接驱动波浪发电用圆筒型永磁直线发电机,把海洋波浪能转换成电能。双浮筒漂浮式波浪发电系统的基本结构如图 4-1 所示。采用漂浮的形式,可以使该波浪发电系统在海洋波浪中做一定限度的各个方向弹性漂移,从而使海洋波浪水平方向力对波浪发电系统的破坏能力大大降低(在不考虑台风、飓风等极端恶劣海洋气候的条件下)。

在海洋波浪垂直方向力的作用下,图 4-1 所示的外浮筒和内浮筒将会在垂直方向产生运动速度和位移。根据海洋波浪水质点的运动特性(见图 2-2),由于浮筒的吃水深度不同,则外浮筒和内浮筒在垂直方向的位移幅值也不同(外浮筒的位移幅值较大,而内浮筒的位移幅值较小),从而使外浮筒与内浮筒之间产生垂直方向的相对速度和位移。外浮筒与内浮筒的相对垂直运动,可以通过外浮筒顶端的三脚架驱动安装在内浮筒里的圆筒型永磁直线发电机进行发电运行工作,最终把海洋波浪能转换成电能。

此外,图 4-1 所示的安装在内浮筒底端的阻尼盘可以增强水体对于内浮筒的阻尼作用,减小内浮筒在垂直方向的位移,从而保障内浮筒的稳定性。沉石和锚链的作用是把双浮筒漂浮式波浪发电系统限制在某一特定海域。

4.2.1　格林函数理论

格林函数理论,对于简化双浮筒在海洋波浪中的垂直方向受力分

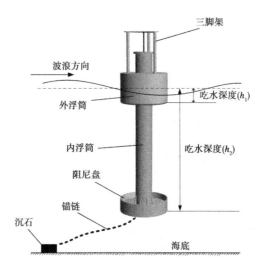

三脚架

波浪方向

外浮筒

内浮筒

阻尼盘

锚链

沉石

吃水深度(h_1)

吃水深度(h_2)

海底

图 4-1　双浮筒漂浮式波浪发电系统的基本结构

析和计算具有重要的积极意义。

　　如图 4-2 所示,S_{wp} 表示浮筒的水线面积,V_p 表示浮筒浸润在水平面以下的体积,S 表示浮筒的湿面面积,$\vec{n}$ 表示浮筒湿面的单位法线,$\vec{n_1}$ 表示浮筒垂直方向的单位矢量。如第 2 章所述,漂浮在海洋波浪中的浮筒受到的总波浪速度势 $\hat{\varphi}_{total}$,主要由入射波浪速度势 $\hat{\varphi}$、衍射波浪速度势 $\hat{\varphi}_d$ 和辐射波浪速度势 $\hat{\varphi}^{III}$ 组成,即

$$\hat{\varphi}_{total} = \hat{\varphi} + \hat{\varphi}_d + \hat{\varphi}^{III} \qquad (4\text{-}1)$$

式中:辐射波浪速度势 $\hat{\varphi}^{III}$ 是浮筒垂直方向辐射速度势 $\hat{\varphi}^{II}$ 和水平方向速度势 $\hat{\varphi}^{I}$ 的总和。

　　在浮筒的湿面 S 上,根据势能理论的边界条件可得入射波浪速度势 $\hat{\varphi}$ 和衍射波浪速度势 $\hat{\varphi}_d$ 的一阶偏导数连续,并且

$$\frac{\partial \hat{\varphi}}{\partial n} + \frac{\partial \hat{\varphi}_d}{\partial n} = 0 \qquad (4\text{-}2)$$

　　又因为入射波浪速度势 $\hat{\varphi}$ 和衍射波浪速度势 $\hat{\varphi}_d$ 在湿面 S 所包含的体积 V_p 内是可导函数,则其二者均能满足亥姆霍兹方程(Helmholtz

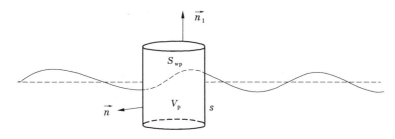

图 4-2　漂浮在海洋波浪中的浮筒

equation），即

$$\nabla^2 \hat{\varphi} = \lambda \hat{\varphi} \tag{4-3}$$

式中：符号"∇"为哈密顿矢量算符（$\nabla = \frac{\partial}{\partial x}\vec{n}_x + \frac{\partial}{\partial y}\vec{n}_y + \frac{\partial}{\partial z}\vec{n}_z$），表示三维积分梯度的垂直分量；$\nabla\hat{\varphi}$ 表示梯度；λ 为一个特征值（常数项）。

根据高斯散度定理理论，图 4-2 所示的积分表面 s 与积分体积 V_p 之间的关系可以描述为

$$\iiint\limits_{V_p} \nabla \cdot \vec{A}_n dV_p = \iint\limits_{s} \vec{A}_n dS \tag{4-4}$$

式中：$\vec{A}_n$ 表示任意场矢量（例如电磁场矢量、流体场矢量等），$\vec{A}_n$ 对场空间坐标和时间的一阶偏导数连续。

如果假定

$$\vec{A}_n = \varphi \frac{\partial \hat{\varphi}_d}{\partial n} - \hat{\varphi}_d \frac{\partial \hat{\varphi}}{\partial n} \tag{4-5}$$

则可得

$$\vec{A}_n = \hat{\varphi} \nabla \hat{\varphi}_d - \hat{\varphi}_d \nabla \hat{\varphi} \tag{4-6}$$

因此，式（4-6）的散度为

$$\begin{aligned}\nabla \cdot \vec{A}_n &= \hat{\varphi} \nabla^2 \hat{\varphi}_d + \nabla\hat{\varphi} \nabla\hat{\varphi}_d - \hat{\varphi}_d \nabla^2 \hat{\varphi} - \nabla\hat{\varphi}_d \nabla\hat{\varphi} \\ &= \hat{\varphi} \nabla^2 \hat{\varphi}_d - \hat{\varphi}_d \nabla^2 \hat{\varphi}\end{aligned} \tag{4-7}$$

根据式（4-3），则式（4-7）可以进一步化简为

$$\nabla \cdot \vec{A}_n = \hat{\varphi} \nabla^2 \hat{\varphi}_d - \hat{\varphi}_d \nabla^2 \hat{\varphi} = \hat{\varphi}\lambda\hat{\varphi}_d - \hat{\varphi}_d\lambda\hat{\varphi} = 0 \tag{4-8}$$

把式(4-8)和式(4-5)代入式(4-4),可以得到一个格林函数式

$$G(\hat{\varphi}, \hat{\varphi}_d) = \iint_s \hat{\varphi} \frac{\partial \hat{\varphi}_d}{\partial n} - \hat{\varphi}_d \frac{\partial \hat{\varphi}}{\partial n} dS = 0 \qquad (4-9)$$

在外浮筒和内浮筒的受力(Froude-Krylov 力)分析和计算过程中,式(4-9)可以把计算衍射速度势 $\hat{\varphi}_d$ 的过程转换为计算辐射速度势 $\hat{\varphi}^{\text{III}}$ 的过程,这样可以很大程度地降低计算难度。

有关格林函数的具体理论,例如二维格林函数理论和三维格林函数理论,详见本书的附件 A 和附录 B。

4.2.2　Froude-Krylov 力和衍射力

无论是海洋波浪中的柱基式固定平台,还是各类漂浮式平台,均受到海洋波浪力的作用。海洋波浪力是很多海上平台出现运行故障的主要原因之一。截至目前,研究海上平台的受力分析主要分两种情况,具体如下:

(1)当海上平台的水平直径大于波浪波长的 0.2 倍时,例如海上钻井平台、大型货船等,其本身的庞大体积会对周围入射波浪产生显著的影响。与此同时,附加质量和阻尼系数对于平台的影响不可忽略。针对这种大尺寸的海上平台,目前主要采用以绕射理论为基础的波浪受力分析方法。20 世纪中叶,学者 MacCamy 和 Fuchs 在忽略流体黏滞效应的前提下,采用线性化的绕射理论计算了从海底延伸到海平面的大尺寸圆柱形结构物所受到的水平波浪力。目前,由于有限元法和计算机技术的迅速发展,更多的是采用有限元软件计算和分析大尺寸海上平台的受力问题。

(2)当海上平台的水平直径小于波浪波长的 0.2 倍时,例如浮标、测量船等,其对海洋入射波浪没有较大的影响。针对这种小尺寸的海上平台,学者 Morison 采用合适的拖曳力系数和惯性力系数,能够较为合理地计算其波浪受力状况。但是,从计算精度和难易度来讲,采用弗汝德-克雷洛夫法(Froude-Krylov Method)可以更加便捷地计算海上平台的波浪受力问题。

本节结合经典的 Froude-Krylov 理论,分析双浮筒漂浮式波浪发电

系统的内浮筒和外浮筒所受到的垂直波浪力问题。

根据边界条件式(4-2)及第 2 章的式(2-25),漂浮在海洋波浪中的浮筒受到的垂直方向力 $\hat{F}_1$ 可以重新描述成

$$
\begin{aligned}
\hat{F}_1 &= i\omega\rho \iint_S (\hat{\varphi} + \hat{\varphi}_d)\, n_1\, dS \\
&= i\omega\rho \iint_S \left[(\hat{\varphi} + \hat{\varphi}_d)\frac{\partial k_r}{\partial n} - k_r\frac{\partial}{\partial n}(\hat{\varphi} + \hat{\varphi}_d) \right] dS
\end{aligned}
\tag{4-10}
$$

这里,k_r 为辐射速度势的复数形式比例系数,可以解释为辐射速度势的振幅,且 k_r 满足边界条件 $\dfrac{\partial k_r}{\partial n}=n_1$。根据式(4-2),式(4-10)中的最后一项 $k_r\dfrac{\partial}{\partial n}(\hat{\varphi}+\hat{\varphi}_d) = 0$。

根据格林函数式(4-9),化简式(4-10)可得

$$
\begin{aligned}
\hat{F}_1 &= i\omega\rho \iint_S \left[(\hat{\varphi} + \hat{\varphi}_d)\frac{\partial k_r}{\partial n} - k_r\frac{\partial}{\partial n}(\hat{\varphi} + \hat{\varphi}_d) \right] dS \\
&= i\omega\rho G((\hat{\varphi} + \hat{\varphi}_d), k_r) \\
&= i\omega\rho G(\hat{\varphi}, k_r) + i\omega\rho G(\hat{\varphi}_d, k_r)
\end{aligned}
\tag{4-11}
$$

在水体力学中,辐射速度势的比例系数 k_r 和衍射速度势 $\hat{\varphi}_d$ 均满足辐射条件,即

$$
\frac{\partial k_r}{\partial n} + \frac{\partial \hat{\varphi}_d}{\partial n} = 0
\tag{4-12}
$$

根据式(4-2),对式(4-11)做进一步的化简,可得

$$
\begin{aligned}
\hat{F}_1 &= i\omega\rho G(\hat{\varphi}, k_r) \\
&= i\omega\rho \iint_S \left(\hat{\varphi}\frac{\partial k_r}{\partial n} - k_r\frac{\partial \hat{\varphi}}{\partial n} \right) dS \\
&= i\omega\rho \iint_S \hat{\varphi} n_1\, dS - i\omega\rho \iint_S k_r\frac{\partial \hat{\varphi}}{\partial n}\, dS \\
&= \hat{F}_{FK} + \hat{F}_d
\end{aligned}
\tag{4-13}
$$

所以,通过式(4-13),无须直接计算衍射速度势 $\hat{\varphi}_d$,而是利用浮筒的辐射速度势比例系数 k_r 即可求解浮筒的垂直方向力 $\hat{F}_1$。

如式(4-13)所示,第一个积分表达式 $\hat{F}_{FK}$ 是 Froude-Krylov 力,表示对浮筒的湿面 S 的积分,第二个积分表达式 $\hat{F}_d$ 是衍射力。下面结合图 4-2 所示的积分区域,对 $\hat{F}_{FK}$ 作积分区域变换可得

$$\hat{F}_{FK} = i\omega\rho \iint_{S+S_{wp}} \hat{\varphi}\vec{n}_1 dS - i\omega\rho \iint_{S_{wp}} \hat{\varphi}\vec{n}_1 dS \qquad (4\text{-}14)$$

对于封闭的曲面 $S+S_{wp}$ 积分,应用高斯定理和散度定理可得

$$i\omega\rho \iint_{S+S_{wp}} \hat{\varphi}\vec{n}_1 dS = i\omega\rho \iiint_{V_p} (\nabla\hat{\varphi})\vec{n}_1 dV = i\omega\rho \iiint_{V_p} \frac{\partial\hat{\varphi}}{\partial n_1} dV \qquad (4\text{-}15)$$

根据浮筒垂直方向加速度与速度势之间的关系($\hat{a}_z = i\omega \dfrac{\partial\hat{\varphi}}{\partial n_1}$),以及波面波幅与速度势之间的关系($\hat{\eta}_z = -\dfrac{i\omega}{g}\hat{\varphi}\big|_{z=0}$)可得

$$\hat{F}_{FK} = \rho \iiint_{V_p} \hat{a}_z dV + \rho g \iint_{S_{wp}} \hat{\eta}_z dS \qquad (4\text{-}16)$$

关于衍射力 $\hat{F}_d$,可以做近似计算。根据式(4-13),可以把衍射力浮筒受到的衍射力描述为

$$\hat{F}_d = -i\omega\rho \iint_S k_r \frac{\partial\hat{\varphi}}{\partial n} dS = -i\omega\rho \iint_S k_r \nabla\hat{\varphi} dS = -\rho k_r \iint_S \hat{a}_z dS \qquad (4\text{-}17)$$

4.2.3 双浮筒的垂直运动速度

在不考虑永磁直线发电机电磁力 $\hat{F}_u$ 的情况下,根据上述分析的 Froude-Krylov 力 $\hat{F}_{FK}$ 和衍射力 $\hat{F}_d$,并结合第 2 章浮筒的运动方程式(2-54),则浮筒在海洋波浪中的垂直运动速度方程可以重新描述为

$$\hat{v}_z = \frac{\rho \iiint\limits_{V_p} \hat{a}_z \mathrm{d}V + \rho g \iint\limits_{S_{wp}} \hat{\eta}_z \mathrm{d}S - \rho k_r \iint\limits_{S} \hat{a}_z \mathrm{d}S}{\mathrm{i}\omega [m_m + m_z] + [R_f + R_z] + \dfrac{S_{wp}}{\mathrm{i}\omega}} \quad (4\text{-}18)$$

结合图 4-1,假设双浮筒漂浮式波浪发电系统的外浮筒和内浮筒相关尺寸数据如下:

(1)外浮筒的外径是 2.4 m,内径是 1 m,吃水深度 $h_1 = 0.7$ m。

(2)内浮筒底端的阻尼盘直径是 2.4 m,内浮筒吃水深度分别是 $h_2 = 8$ m、$h_2 = 10$ m 和 $h_2 = 12$ m。

(3)海洋波浪是正弦变化的,其入射波波高是 1.4 m,周期是 5 s。

则根据式(4-18),外浮筒和内浮筒在波浪中的垂直运动速度如图 4-3 所示。由图 4-3 可知,内浮筒的吃水深度 h_2 越大,则其垂直方向的速度幅值越小,进而保证了内浮筒在波浪中的稳定性。与此同时,在外浮筒吃水深度 h_1 保持不变的条件下,内浮筒的吃水深度 h_2 越大,则外浮筒与内浮筒之间的相对运动速度和位移越大,这也是双浮筒漂浮式波浪发电系统的基本工作原理(通过双浮筒的相对运动驱动永磁直线发电机进行发电运行工作)。

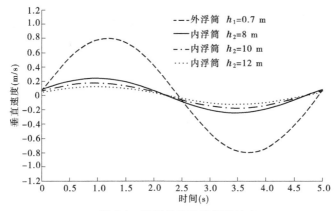

图 4-3　双浮筒的垂直运动速度

以上是采用解析法计算双浮筒的垂直运动速度。计算过程中,忽略了浮筒与波浪流体之间的黏滞力和绕射力,以及外浮筒和内浮筒之间波浪的相互影响等因素。事实上,根据海洋波浪流体力学理论,针对水平尺寸较小的海上浮体(浮体的水平尺寸小于入射海洋波浪波长的0.2倍),完全可以忽略黏滞力、绕射力和浮体之间的相互影响等因素。因此,上述计算方法是合理的,适用于双浮筒漂浮式波浪发电系统的动态性能分析。

4.3　系统设计

双浮筒漂浮式波浪发电系统的设计,其目的是在保证系统稳定运行的前提下,尽量地节约成本投入,并提高系统运行的安全度和效率。对于双浮筒漂浮式波浪发电系统,可以通过双浮筒的抗海水腐蚀、密封、浮筒结构、永磁直线发电机、数据采集和通信,以及锚链系泊等方面进行研究和设计。

4.3.1　防腐设计

与众多海上平台类似,防海水腐蚀也是双浮筒漂浮式波浪发电系统设计和建造过程中首先需要考虑的因素之一。在海洋中,受到盐雾、湿气、海水及海洋生物的影响,漂浮在海洋中的波浪发电系统结构材料会产生化学腐蚀。此外,由于双浮筒漂浮式波浪发电系统远离海岸,维护保养的成本很高,所以采取有效可行的防腐措施,对于系统的安全经济运行具有重要意义。

目前,主要从新材料、新技术和新工艺方面进行海上平台的防海水腐蚀研究。防海水腐蚀的方法主要有如下几种。

4.3.1.1　涂层式防腐

涂层式防海水腐蚀,是海上平台主要采用的方式之一。所谓涂层式,也就是在海上平台与海水接触的表面涂抹防腐材料。海上平台最初采用的防腐涂料是醋酸乙烯共聚物和环氧胺树脂,随后采用的氯化乙烯,但由于这3种防腐涂料的施工周期长,一般涂6层才能使涂层的厚度达到0.3 mm,所以人工成本高。环氧树脂是最广泛应用于防海水腐蚀的涂料,当环氧树脂的涂层达到 5 mm 时,具有良好的防腐效果。

　　对钢制材料的海上平台来讲,锌加保护不失为一种性价比较高的防腐技术。锌加保护主要由电解锌粉、有机树脂和挥发溶剂构成。锌加保护的高性价比源于电解锌粉材料的纯度可以达到 96%,当涂到钢制海上平台表面后,锌粉的纯度接近 100%。特别地,旧的锌涂层还可以与新的锌涂层兼容,从而有利于钢制海上平台的后续防腐涂层修补工作。一般而言,锌加保护的防腐时间可以达到 30 年左右。

　　此外,随着新材料和新技术的进步,防海水腐蚀的新涂料也不断地被研究出来,例如聚氨酯、聚硅氧烷等。聚氨酯和聚硅氧烷具有良好的柔韧性和黏结性,可以使海上平台承受腐蚀性更强的海洋环境。

　　但是,采用涂层式的防腐方法也存在诸多缺点。一是随着涂料在海洋环境中的挥发和溶解,必然会对海洋环境造成污染,进而威胁到海洋生物和人类的健康安全;二是涂层后的海上平台虽然具有了防海水腐蚀的能力,海洋生物(例如硅藻、原生动物、细菌等)对于海上平台的吸附性不可小觑。随着越来越多的海洋生物吸附在海上平台的表面,其表面的防腐涂层必然受到破坏,进而减弱海上平台的防腐能力。

4.3.1.2　新材料防腐

　　采用新材料防海水腐蚀,是目前海上平台防腐的主要研究方向。超高分子量聚乙烯材料,作为一种新型的纤维材料,具有耐太阳光直射、抗海水腐蚀、高强度和耐磨损等诸多优点。

　　所谓超高分子量聚乙烯,也就是其材料的每一个分子包含的原子量数目都非常高,一般在 100 万以上。超高分子量聚乙烯的密度略小于水的密度($0.92 \sim 0.96$ kg/m^3),热变形温度是 85 ℃,熔点是 $130 \sim 136$ ℃。超高分子量聚乙烯材料在受到太阳光强烈照射的情况下,其材料还可以保持原本的特性,无须做日照防护。由于超高分子量聚乙烯材料不含任何的羟基、芳香环等易于发生化学反应的物质,所以其材料的化学性能比较稳定。如表 4-1 所示,在 80 ℃ 的浓盐酸(浓度为38%)和浓硫酸(浓度为90%)中,超高分子量聚乙烯材料能够保持其原有特性,而海水的盐类和酸类浓度远小于表 4-1,因此超高分子量聚乙烯材料对于海水具有良好的防腐蚀能力。此外,经过拉伸变形后,其内部的高分子量可以使材料恢复到原状,所以超高分子量聚乙烯材料具有高耐磨和高强度的特点。

表 4-1　超高分子量聚乙烯材料的防腐能力

溶液	浓度	80 ℃以下的材料性能
硫酸	90%以下	良好
盐酸	38%以下	良好
磷酸	85%以下	良好
溴酸	20%以下	良好
丙酸	60%以下	良好
甲酸	50%以下	良好
氯酸	20%以下	良好

虽然超高分子量聚乙烯材料也有其缺点,例如高温之后失去抗氧化能力,但是,针对海洋温度普遍低于 60 ℃的情况,并且常年在阳光的照射下,采用超高分子量聚乙烯作为某些海上平台的主要材料构成,是完全可行的。并且,随着现代加工工艺的进步,超高分子量聚乙烯材料的原料成本和加工成本得到了了大幅度的降低。

综合防海水腐蚀的需求和成本投入因素,本书研究的双浮筒漂浮式波浪发电系统的外浮筒和内浮筒,均采用超高分子量聚乙烯材料加工而成。

4.3.2　双浮筒设计

4.3.2.1　外浮筒设计

外浮筒的尺寸和吃水深度(也就是重量)设计取决于海试试验地点的波浪周期,因为只有外浮筒的固有振荡周期与海洋波浪的振荡周期达到共振的条件下,才能在一定程度上提高双浮筒漂浮式波浪发电系统的运行效率。

虽然海洋波浪的周期是时刻变化的,但其必定在某一个范围内变化。基于此,我们依据海试试验地点的年平均波浪周期进行外浮筒尺寸和吃水深度的设计。双浮筒漂浮式波浪发电系统的海试试验地点位于连云港附近海域,该海域的年平均波浪周期和波高如表 4-2 所示。由表 4-2 可知,连云港附近海域的年平均波浪周期介于 2.9~3.5 s,平均波高介于 0.3~0.7 m。其中,海洋波浪的波高,决定了外浮筒和内浮筒之间的相对运动幅值。结合图 4-1,假如海洋波浪的波高大于外浮筒和内浮筒之间的相对运动幅值,那么很可能导致外浮筒和内浮筒之间的碰撞,进而影响双浮筒漂浮式波浪发电系统的稳定运行。

表 4-2　连云港附近海域的年平均波浪周期和波高

月份	平均周期(s)	平均波高(m)
1	3.4	0.6
2	3.4	0.7
3	3.2	0.6
4	3.1	0.5
5	2.9	0.5
6	2.9	0.3
7	3.1	0.3
8	3.3	0.6
9	3.5	0.7
10	3.3	0.6
11	3.4	0.7
12	3.3	0.6

　　根据连云港附近海域的年平均波浪周期,外浮筒的正视图和俯视图如图 4-4 所示。图 4-4(a)中,吊装耳的作用是方便设备组装和海试试验投放。外浮筒的壁厚约 0.033 m,由超高分子量聚乙烯材料加工而成;外浮筒的内部安装有数据信号测量仪器和密封设施等(详见第 5 章)。图 4-4(b)的 3 个底座通过螺栓和螺母与三脚架连接(见图 4-1),三脚架通过其顶端的三角板平台与内浮筒上端部伸出的永磁直线发电机动子相连接。

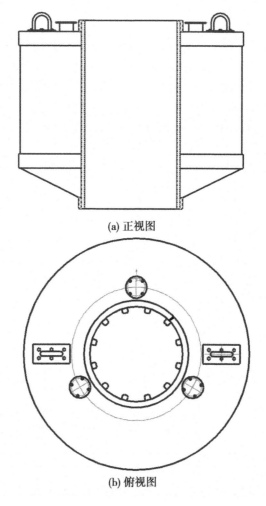

(a) 正视图

(b) 俯视图

图 4-4　外浮筒的正视图和俯视图

　　考虑到海试试验投放过程的局部受力和强度要求,吊装耳的材料是普通钢,3 个底座的材料是不锈钢 316。不锈钢 316 主要由以下化学成分组成:$C \leqslant 0.08$,$Si \leqslant 1.00$,$Mn \leqslant 2.00$,$P \leqslant 0.035$,$S \leqslant 0.03$,Ni 为 $10.0 \sim 14.0$,Cr 为 $16.0 \sim 18.5$,Mo 为 $2.0 \sim 3.0$,并添加了 Mo 元素,使其

耐腐蚀性有较大提高。

特别地,如第 2 章所述,可以通过调整位于外浮筒底端椎体的重量(在椎体底部加配重块,详见第 5 章),使外浮筒与波浪达到共振,从而提高双浮筒漂浮式波浪发电系统的运行效率。

4.3.2.2 内浮筒设计

与外浮筒的设计要求相反,为了尽量减小内浮筒在垂直方向的运动速度和位移,需要通过调整内浮筒的吃水深度(也就是重量),使内浮筒的固有振荡周期远离海洋波浪的振荡周期。

由于内浮筒的水平面积较小(0.58 m²),并且其在海洋环境下的施工难度较大,所以采用安装微调仓的方式进行内浮筒吃水深度的微调节。此外,安装在内浮筒上端部的永磁直线发电机防水和密封问题也是内浮筒设计的重点之一。

图 4-5 是内浮筒的结构设计示意图。内浮筒的高度为 9.5 m、外径 0.86 m、壁厚 33 mm,由超高分子量聚乙烯材料加工而成。内浮筒的底端安装了配重铁块,其作用是初步调节内浮筒的吃水深度。特别地,通过内浮筒上端的注水管端口,可以向微调仓注

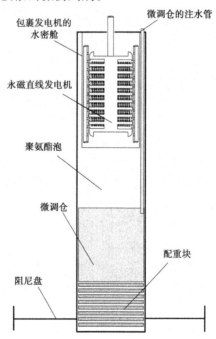

图 4-5 内浮筒的结构设计示意图

水,达到进一步调节内浮筒吃水深度的目的。永磁直线发电机安装在内浮筒的上端部,为了达到密封的效果,除采用水密舱(不锈钢材料加工而成)进行包裹外,还把内浮筒的所有气隙区域用聚氨酯泡充满。此外,由于阻尼盘始终处于海水中,且需要时刻承受较大的水体阻尼

力,因此阻尼盘的材料是不锈钢316,厚度为8 mm。

4.3.3　直线发电机设计

　　根据海洋波浪在垂直方向的运动特性,本书选取圆筒型永磁直线发电机作为双浮筒漂浮式波浪发电系统的能量转换单元。通过圆筒型永磁直线发电机,双浮筒漂浮式波浪发电系统的能量转换过程不需要液压、气动等中间环节,可以直接地把海洋波浪能转换成电能,这样既降低了机械系统设计的复杂程度,也提高了能量的转换效率。永磁直线发电机作为双浮筒漂浮式波浪发电系统的核心单元之一,其工作性能在一定程度上决定了整个波浪发电系统的运行效率。优化永磁直线发电机的结构,可以较大幅度地降低线圈绕组的阻抗损耗和导磁材料的涡流损耗。

　　如图4-6所示,是安装于双浮筒漂浮式波浪发电系统的圆筒型永磁直线发电机的结构示意图和电磁仿真分析,有的参考资料里也称这种电机为圆筒型Halbach充磁直线发电机。如图4-6(a)所示,动子部分主要由动子铁芯和绕组组成;定子部分主要由定子铁芯和永磁体组成。由于永磁体的分布呈现Halbach充磁形式,所以有些参考文献中把此类永磁充磁电机称为Halbach充磁电机。如图4-6(b)所示,是该直线发电机永磁体的Halbach充磁方向,此种充磁形式,可以最大化地提高永磁体的利用率。图4-6(c)是圆筒型永磁直线发电机的磁力线分布仿真分析,分析该图可得出圆筒型永磁直线发电机的漏磁通较少,从而印证了Halbach充磁形式的确可以提高永磁体利用率。图4-6(d)是圆筒型永磁直线发电机的磁感应强度仿真分析(空载运行情况下),分析该图可得铁芯的最大磁感应强度约为1.4 T,局部齿槽的最大磁感应强度约为1.6 T,而其他区域的磁感应强度也较小,这说明了该直线发电机的结构尺寸和充磁形式设计是合理的。

　　圆筒型永磁直线发电机主要有以下几个优点:

　　(1)位于定子铁芯上的永磁体采用Halbach充磁的方式。Halbach充磁方式可以改善圆筒型永磁直线发电机的气隙磁场分布,并降低气隙磁场的漏磁系数,从而提高永磁体的有效利用率。

（2）采用第2章提出的通过调整边端齿宽和槽宽的方法，并改变边端齿的形状，可以较大幅度地降低圆筒型永磁直线发电机的齿槽力，从而减小齿槽力对于双浮筒漂浮式波浪发电系统动态性能的影响。

（3）圆筒型永磁直线发电机的结构简单，加工难度低，成本投入低，并且可以采用模块化设计的方法降低其运行过程中的故障发生率。

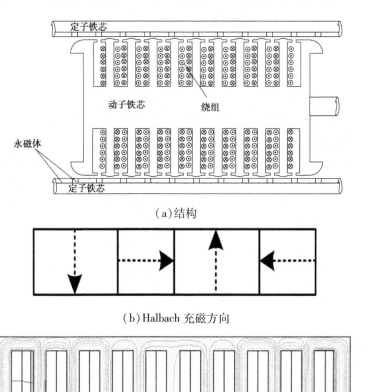

（a）结构

（b）Halbach 充磁方向

（c）磁力线分布仿真分析

图 4-6　圆筒型永磁直线发电机的结构示意图和电磁仿真分析

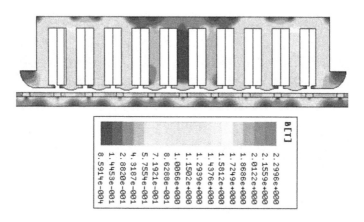

	B[T]
	2.2996e+000
	2.1559e+000
	2.0122e+000
	1.8686e+000
	1.7249e+000
	1.5812e+000
	1.4376e+000
	1.2939e+000
	1.1502e+000
	1.0066e+000
	8.6288e-001
	7.1921e-001
	5.7554e-001
	4.3187e-001
	2.8820e-001
	1.4453e-001
	8.5914e-004

(d)磁感应强度仿真分析(空载运行情况下)

续图 4-6

图 4-7 是圆筒型永磁直线发电机在内浮筒的安装位置示意图。其中,发电机的定子部分(永磁体)固定在内浮筒的上端部,发电机的动子部分(绕组)通过连接杆与外浮筒的三脚架平台相连接。在垂直海洋波浪力的作用下,外浮筒与内浮筒之间存在相对运动,进而也就直接驱动圆筒型永磁直线发电机的动子和定子做相对运动。动子和定子之间的相对运动, 使动子上的绕组能够切割定子上的永磁体产生的磁感

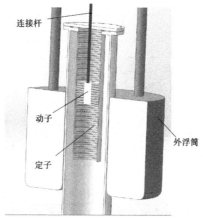

连接杆

动子

定子

外浮筒

图 4-7　圆筒型永磁直线发电机在内浮筒的安装位置示意图

线,从而使绕组感应电动势,最终把波浪能转换成电能。

4.3.4　数据通信和采集系统设计

由于双浮筒漂浮式波浪发电系统的海试试验地点在距离海岸较远(大约 8 km)的海域,因此完全有必要寻求一种较为便捷、高效的方法,对双浮筒漂浮式波浪发电系统的运行状态进行监测和管理。

本书采用基于 GPRS(General Packet Radio Service)网络和 Internet网络相结合的通信方式,对双浮筒漂浮式波浪发电系统的运行状态等数据信息进行通信传输。并采用 DT80 数据采集装置,监测和采集双浮筒漂浮式波浪发电系统输出的电压数据信息。

4.3.4.1　GPRS 网络概述

所谓 GPRS 网络,就是欧盟在 GSM(Global System for Mobile Communications)网络的基础上,于 21 世纪初推出的一种新型无线网络,也被称为 2G 网络。GPRS 网络具有覆盖面积广、数据通信丢包率低、价格便宜等优点,并且完全能够满足双浮筒漂浮式对波浪发电系统的监测和管理需求。

早在 2000 年,全球已完成对 GPRS 网络的开发工作。与之前 GSM网络相比,GPRS 网络的软硬件升级如表 4-3 所示。

表 4-3　GPRS 的软硬件升级(相较于 GSM)

名称	软件单元	硬件单元
移动台(MS)	升级	升级
基站收发信台(BTS)	升级	无
基站控制台(BSC)	升级	PCU 接口
码型转换和速率适配单元	无	无
移动交换中心/访问位置寄存器(MSC/VLR)	升级	无
归属位置寄存器(HLR)	升级	无
服务节点(SGSN)	新增加	新增加
网管节点(GGSN)	新增加	新增加

GPRS 网络的显著特性在于:高于 GSM 网络 10 倍的信息传送速度,可以满足人们更多的工作、生活需求;全天候不间断运行,随时等待着终端单元的申请接入;按照数据收发的多少进行计费,也就是说,即使一直"运行",只要没有执行数据的收发任务,消费者就不需要付款,从消费者的角度来讲,这种消费特点显得更加合理一些;智能切换和分组工作,人们在浏览互联网信息的同时也可以接电话、打电话,真正实现了当初很多商务人士上网、通话两不误的愿望。中国移动通信集团几乎在我国的每一个居民生活区和工业生产区都已开通了 GPRS 服务,此种状况正适合于居民小区、交通、大型河流和湖泊流域的水利资源环境监测,以及电气设备运行状态的管理等行业的应用。另外,GPRS 还可以提供内容丰富多彩、功能强大的以分组业务为基础的无线远程定位和电子商务等林林总总的应用。

4.3.4.2　GPRS 网络模型

GPRS 以 GSM 为基础,着重进行了数据库单元、信号处理和转发、服务支撑等软件方面的更新和部分基础硬件方面的改动。其中,基础硬件方面的改动显著体现在新添加了两个重要的支柱单元,分别是服务节点(SGSN)和网关节点(GGSN);至于软件方面的更新,则针对原有的数据库系统及网络数据收发台(基站)等一些单元做了与基础硬件相互匹配的升级,从而实现了基于 TCP 等协议的 GPRS 到终端设备(或者是终端设备到终端设备)之间的无线链接。虽然我国的深圳、成都和西安等大城市在 2009 年初已经实现 3G 业务的辐射,但是就市场来讲,GPRS 仍不失为一种有竞争优势的业务。GPRS 无线网络参考模型如图 4-8 所示。

在图 4-8 中,仅仅勾勒出 GPRS 系统的新增基本单元、信息资料传送路径及其对应的参考点,其他原本就归于 GSM 系统的设备构件没有完全勾勒出来。与原有的 GSM 系统相比,既然 GPRS 网络具有数据分组的特性,那么新增的 SGSN 就承担了这一功能角色;归属位置寄存器(HLR)则是为终端设备(例如手机、海用无线通信电台等)提供信息资料存储和查阅的一个数据服务单元,其能够保留终端设备的状态信息

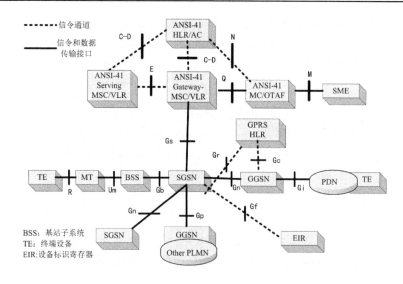

图 4-8 GPRS 无线网络参考模型

和位置信息；新增的 GGSN 则肩负着与外部多种网络进行互访的任务，并依靠基于 IP 协议的 Gn 参考点与 SGSN(也包括分布在其他 GPRS 网络的 SGSN)链接。GPRS 系统的部分软件更新和新增的基础硬件如下所述：

（1）基站。在 GPRS 以 GSM 为基础的升级、改进过程中，基站内的信息资料中转单元及其控制单元分别经过了软件升级和硬件调整。基站在信息资料以无线的形式传送过程中起到了中心枢纽的角色，终端设备与 GPRS 网络或者其他终端设备之间链接的稳定性与否，与基站的构建是否完善有着极其密切的联系。

（2）R 参考点。如图 4-8 左侧所示，R 参考点属于整个 GPRS 网络模型的外围部分。该参考点除满足各种各样的信息传送标准和终端设备接口规范外，还可以与蓝牙技术相互兼容。结合实际的生产经验，从图中可以清楚地分析到，通过笔记本电脑与手机链接，就是终端设备能够与移动终端相互链接的一个典型应用。

（3）SGSN。终端设备状态的查询、状态的控制及终端设备与其他单元进行信息交流和管理的过程中，SGSN 承担了信息中转的角色。

结合图 4-8 分析可知,SGSN 是终端设备与 GGSN 之间进行联络的桥梁,肩负着二者之间各种信息的互换。

(4) GGSN。GGSN 是 GPRS 能够与其他各种数据网络(例如本书研究中选用的 Internet)达到链接的支撑点。有的参考文献中,把 GGSN 生动地称为 GPRS 能够与其他网络链接的路由单元,例如阿尔卡特和北电的 GGSN 分别是基于思科 7200 系列和 Bay 网络的 CEs4500 系列路由器开发的,均是凭借路由选择功能把源自移动网络的数据信息传送至正确的目的地。若是需要了解终端设备所处的位置信息,GGSN 就要通过 Gc 参考点向 GPRS HLR 发送需要响应的帧信息。

(5) HLR。该单元是属于 GPRS 系统的数据库单元,能够保存终端设备的状态信息和位置信息。在实际应用中,HLR 还可以提供多种多样丰富多彩的附加业务,例如呼叫转移和来电显示等,这些均是每一个手机用户相当熟悉的,使得民众的生活和工作愈发地便捷、高效。

(6) MS。如图 4-8 的左侧架构所示,MS 由两个主要单元构成,分别是 MT(移动终端)及 TE(终端设备)。当下,拥有生产 MS 能力的公司主要有德国的西门子、法国的阿尔卡特朗讯等。通俗来讲,移动台就是移动用户使用的能够进行通信的终端设备,例如目前已经大众化的手机,以及属于专门机构使用的、用来在野外或者海上解决通信不顺畅的大型移动台,另外还包括凭借 GPRS 网络可以使语音寻呼更远的对讲机等。

通过以上简明扼要的描述,我们可以对图 4-8 中左侧的终端设备 TE 与右侧的终端设备 TE 二者之间的链接过程有个初步的认识:左侧终端设备首先经过 R 参考点接入移动终端 MT,MT 属于 GPRS 网络的外围单元,也是 GPRS 网络的直接使用者;MT 有 3 种工作模式,MT 可以选择其中的一种工作模式,然后凭借基站子系统与 SGSN 构成基于帧中继接口形式的链接,把终端设备的状态信息及其位置信息以分组的形式传送到 SGSN 之中;SGSN 是整个网络结构的支撑点,它既能够把移动终端传来的状态信息和位置信息存储到 HLR 单元里,也可以以分组的形式使移动台和 GGSN 建立链接;最后,GGSN 在以点到点、IP 等数据信息传送方式的基础上,经过参考点 Gi,使图 4-8 左侧的终端设备与右侧的终端设备实现联络。综上所述,终端设备之间凭借 GPRS 经过烦琐的流程达到了无线链接的目的。

总体来讲,GPRS 网络提供的各种数据服务已经发展得相当完善。由于 GPRS 网络的参考模型和通信协议已是固定不变的客观存在,所以在本章节中只对其有选择性地进行阐述和分析,是一个基本了解的过程。

4.3.4.3 GPRS DTU 简介

数据终端单元(Data Terminal Unit,DTU)作为 GPRS 数据以无线的形式获取和输出的终端测量点设备,能够为其服务的客户提供便捷、全天候不间断业务的同时,也可以在获取和输出数据之前对这些数据进行结构和校验等方面的调整处理。一般情况下,GPRS DTU 的内部结构如图 4-9 所示,主要由存储单元、处理单元(CPU)、GPRS 通信单元及外围电器元件构成。

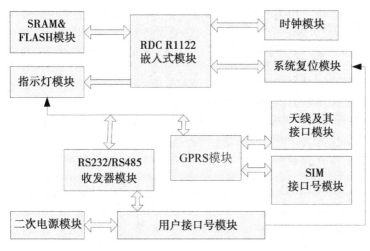

图 4-9 DTU 原理框图

存储单元:DTU 中的软件部分和数据信息资料保存在静态存储器和闪存之中。有关这两种存储器的特性,在各种计算机类的书籍里均有详细的阐述,科技人员对其的了解也趋于普及化,所以在此不再赘述。总之,静态存储器中的数据处理速度迅速且稳定,非常方便系统操作人员对其进行调整和修改;闪速存储器主要用来与处理器间的信息资料进行交换,一般情况下,闪存中的信息资料随着产品生产过程的完成就已经存在,例如常见的就是 MP3 播放功能的程序驱动,闪存的显著特点是其对电能的消耗较低,适用于稳定性要求较高及便于携带的小型设备中。

处理单元:DTU 采用的处理单元是瑞士碳素有限责任公司研发的 16 位 R1122 处理器。虽然 16 位的处理器没有当今 32 位或者 64 位的功能强大和完善,但其能耗低、执行指令比较单一、具有针对性的特点受到了嵌入式系统开发人员的青睐。本书选用此类的处理器单元,完全可以满足基于 GPRS 通信方式的自动抄表管理系统研究开发工作的需要。

GPRS 通信单元:德国的西门子公司在电气和电子方面的成就是世界上很多与之相关的公司所不能媲美的,全球很多地区的通信、高压输电、自动化控制和医疗卫生等领域无不囊括着西门子的设计理念和产品。DTU 系统的 GPRS 通信单元,多数采用西门子公司生产的大规模应用型 MC39i 模块。MC39i 模块具有全天候不间断在线、信息处理和传送迅速等特点,其主要技术指标如下:

(1)相当比例的情形下使用波特率 115 200 bps 或 9 600 bps 进行异步式信息传送,也可以依据工程的具体实施需要,采用其他波特率控制信息的接收和发送。

(2)与 GPRS 网络的无线数据传输格式兼容,可以通过 GPRS 网络与其他相关设备进行短消息等数据的互相接收与发送。

(3)符合国际通用的 AT 标准指令调试操作。

在信息技术发展日益迅速的当下,任何一家公司、一个国家很难单独完成惠及全人类的工程项目,这就需要所有与之相关的人员和团体协作起来,从而达到共赢的目的。假如没有 GPRS 模块的 MC39i,无线数据信息资料通信行业也就少了一种高速、便捷、成本低廉的数据信息资料传输方式。

另外,GPRS DTU 还有 4 个主要功能和 5 个激活模式。其 4 个主要功能分别如下:

(1)支持 TCP/IP 等形式的数据信息传送协议和 PPP 拨号功能。在基于 DTU 的相关系统研究和开发过程中,假如试验现场不具备公网 IP 和固定端口号的使用条件,那么可以采取基于电话线的 PPP 拨号功能登录 Internet,使中心服务器与 DTU 达到链接的目的。中心服务器与 DTU 终端之间实际的数据传送过程中,也有多种数据传送协议的参与,其中 TCP/IP 是最基本的、最重要的数据信息传送形式。另外,DTU 的核心部件是基于嵌入式操作系统的 RDC R1122 嵌入式模块,附加上 PC 和 GPRS 模块的集成,增强了整个系统的抗干扰性和安全性。

(2)支持串口信息双向转换。DTU 具备了 RS232 和 RS485 串行信息通信接口,并且通信过程中的数据信息格式采取"透明转换和传送"的方式,系统开发人员无须考虑通信过程的具体细节问题。因此,DTU 系统可以与诸如 GPS 模块、多功能电表等多种使用串口通信的设备进行物理连接,构成完整的终端设备。

(3)支持二次开发功能。DTU 出厂后,与 DTU 相配套的软件开发程序源代码是开放的,系统开发人员可以依据具体情况,在源代码的基础上进行修改和调整,或者是再次深度开发,以便适合具体项目工程实施的需要。另外,DTU 支持多种程序语言的系统开发,系统开发人员可以根据个人特长,有选择性地使用 Visual C++、Visual Basic 或者 Java 等程序设计软件,加之在强大的数据库支持下,完全能够开发出合乎现实需要的管理系统。

(4)支持参数配置,永久保存。DTU 适用的范围十分广泛,在不同工程应用中,中心服务器的公网 IP 地址及端口号,以及串口的波特率等参数不尽相同。因此,DTU 系统在使用前可以首先进行参数配置,配置成功后的参数能够保存在存储器单元内。一旦上电,DTU 系统就会按照已经设置成功的参数进行激活类型和工作方式的选择,从而实现与其他网络或者终端设备链接的目的。

GPRS DTU 的 5 个激活模式如下：

(1)SMSD 激活。DTU 的外接电源适配器上电,并使 DTU 进入通信状态(由参数配置过程的最后一个步骤来完成此任务)之后,DTU 试图启动基于等待短消息呼叫(SMS Daemon,SMSD)的工作模式。DTU 只有在接到短消息的情况下,才能够凭借参数配置软件中的"中心服务器参数"这一功能选项,进行 PPP 拨号(也就是通过公网的固定 IP 和端口号进行拨号,以及通过点到点协议获取动态的 GPRS IP 地址等),然后与中心服务器系统构成基于 TCP 形式的无线链路。随后,DTU 立即把其自身的配置信息和 GPRS 网络分配的动态 IP 地址信息自动打包成 TCP 数据包,经过串口和无线网络 GPRS,以及其他网络传送到中心服务器系统。在 DTU 与中心服务器系统间的通信完成之后,中心服务器向 DTU 发送离线通知,使 DTU 重新返回到等待短消息呼叫状态。

SMSD 激活的相应 AT 指令是：[AT + ACTI = SMSD]。所谓 AT(Attention)指令,是指系统开发人员通过中心服务器或者参数配置软件向 DTU 发送的信令,以便控制 DTU 进行单元配置、状态查询和 DTU 单元调试等方面的操作。AT 指令以字母"AT"开头,后面连接一连串的数字、字母代表了相应的功能。

(2)CTRL 激活。DTU 的外接电源上电后,凭借对参数配置软件的人工手动操作,DTU 可以被直接转换到通信状态,或者是被再次上电使其转换到通信状态(与上述的 SMSD 激活一样,也是由参数配置过程的最后一个步骤来完成此任务)之后,系统会立即尝试着启动基于等待语音呼叫(Call Telephone Ring Lan,CTRL)的工作模式。DTU 只有在接到电话呼叫的情况下,才能够凭借参数配置软件中的设置"中心服务器参数"这一功能项,进行 PPP 拨号(也就是凭借公网的固定 IP 和端口号进行拨号,以及依靠点到点协议获取动态的 GPRS IP 地址等),然后与中心服务器系统构成 TCP 无线链路。与此同时,GPRS 网络随机分配给 DTU 的动态 IP 地址,以及 DTU 的配置信息也会自动打包成 TCP 数据包,经过串口和其他网络,传送到中心服务器系统。与 DTU 的 SMSD 激活模式相似,在 DTU 与中心服务器系统间的信息联络结束后,中心服务器发送离线通知,使 DTU 重新返回到等待语音呼叫状态。

CTRL 激活的相应 AT 指令是:[AT+ACTI=CTRL]。

(3)DATA 激活。无论是已经被定义了的上线数据信息标识,还是普通的数据信息流,只要 DATA 的 AT 指令经过 DTU 系统,DTU 就能够被激活。与上述的 SMSD 激活类型和 CTRL 激活类型一样,DTU 系统必须经过电源适配器上电,并进入通信状态之后(此步骤也是由人工手动操作完成的),其会在"数据等待"环节运行,当且仅当有数据(或者是已定义的数据信息标识)流经串口发送到 DTU 之后,DTU 才能够被激活。

综上可知,DTU 只有在获取到数据的情形下,才能够凭借参数配置软件中的设置"中心服务器参数"这一功能项,进行 PPP 拨号(也就是通过公网的固定 IP 和端口号进行拨号,以及通过点到点协议获取动态的 GPRS IP 地址等),然后与中心服务器系统构成基于 TCP 协议形式的无线链路。在此种状态中运行的 DTU 也能够把其配置信息和获得的动态 GPRS IP 信息自动打包成 TCP 数据包,经过串口和各种网络传送到中心服务器系统。与上述 DTU 的 SMSD、CTRL 激活类型不同的是:在特定的时间内,假如没有接收到数据信息(或者特定的数据信息标识),中心服务器与 DTU 之间可以自动挂断链路,使 DTU 重新返回到 DATA 激活流程的等待环节。

DATA 激活的相应 AT 指令是:[AT+ACTI=DATA]。

(4)MIXD 激活。MIXD 激活类型几乎囊括了以上所述 3 种激活类型的所有功能,即 DTU 的外接电源上电后,系统可以分别处于等待短消息呼叫、语音呼叫或是数据呼叫唤醒状态。

MIXD 激活的相应 AT 指令是:[AT+ACTI=MIXD]。

(5)AUTO 激活。DTU 的 AUTO(自动)激活类型,与上述内容中的前 2 种激活类型的整体框架大致一致,其唯独的不同点就是使 DTU 能够被激活的因素不一样。具体不同点体现在:整个 DTU 系统被激活的过程,以及 DTU 向中心服务器系统传送其配置信息和获得的动态 GPRS IP 地址信息,均是自动完成的,完全没有人工手动操作的介入。

AUTO 激活的相应 AT 指令是:[AT+ACTI=AUTO]。

4.3.4.4　数据采集系统设计

数据采集系统的硬件框图如图 4-10 所示,主要由电压调理电路、ADC(模拟量转数字量)转换模块、控制器 MCU、继电器和存储器 FLASH 等组成。其中,控制器 MCU 采用 STC 公司生产的 STC12C5608AD 单片机芯片,该芯片的主要优点是:

(1)工作频率范围为 0~35 MHz。

(2)片上集成 768 字节 RAM。

(3)输入/输出数字量 IO 口有 27 个。

(4)16 个定时器和 4 路 PWM(脉冲宽度调节器)。

(5)8 路高精度 ADC 转换端口。

(6)采样频率较高,最大采样频率约达 10 kHz。

(7)工作环境适应能力强,可在 0~75 ℃温度下正常工作。

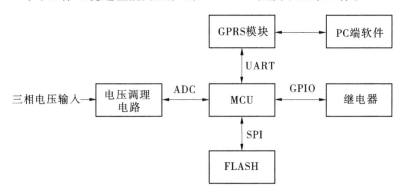

图 4-10　数据采集系统的硬件框图

由于波浪发电系统输出的三相电压幅值是变化的(0~500 V),而控制器 STC12C5608AD 的模拟量采样点压是 0~5 V,因此需要经过电压调理电路进行电压变换后(也就是把波浪发电系统输出的电压进行降压变换),才能被控制器 STC12C5608AD 采集和处理。图 4-11 是电压调理电路的原理图。

如图 4-11 所示,电压调理电路的核心是 LV25-P 电压传感器。LV25-P 电压传感器是由瑞士 Luna Excursion Module(简称 LEM)公司生产的高精度霍尔型电压传感器,其主要特点如下:

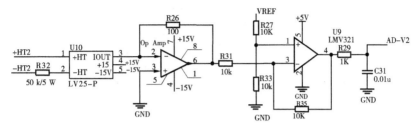

图 4-11　电压调理电路的原理图

（1）额定电流范围（原边）为 0~10 mA，副边电流范围为 0~25 mA。

（2）供电电压为 12~15 V。

（3）精度达到 0.9%。

（4）线性度<0.2%。

（5）尺寸小，重量轻，易于安装。

（6）可在 0~70 ℃温度下正常工作。

图 4-11 所示电压调理电路的输入电压是 500 V，其电压变换和调理过程是：首先，该 500 V 电压经过输入电阻 R32（50 kΩ）后，使 LV25-P 电压传感器的原边电流是 10 mA，而 LV25-P 电压传感器副边的电流则是 25 mA；其次，该电流（25 mA）经过 I—V 变换，也就是电流转换成电压（转换增益是 100），得到 2.5 V 的电压；最后，该 2.5 V 电压经过滤波处理后，即可以送入控制器 STC12C5608AD 的模拟量采集端口。

4.3.4.5　波浪发电系统的数据通信和采集网络组建

基于 GPRS 网络，双浮筒漂浮式波浪发电系统的监测和管理模块主要由服务器中心（主站）、蓄电池、海洋波浪波高测量仪、电压电流采集器、整流逆变器、GPRS 无线数据传输模块和 GPS 定位模块等设备组成。系统监测和管理模块的电能供给来源于圆筒型永磁直线发电机，具体过程如下：

（1）在外浮筒和内浮筒的相对垂直运动作用下，圆筒型永磁直线发电机输出电能，该电能经过整流和逆变后，向蓄电池充电。

（2）蓄电池向 GPS 定位模块、海洋波浪波高测量仪、GPRS 无线数据传输模块、电压电流采集器等用电设备供电。

　　如图 4-12 所示,是双浮筒漂浮式波浪发电系统的数据采集和通信系统设计方案。其数据信息上传到服务中心的主要工作过程是:

　　(1)数据采集器通过有线的方式(RS232)把采集到的数据信息(例如波浪发电系统的三相电压和电流、GPS 定位数据、海洋波浪波高数据等)传送给 GPRS 模块。

　　(2)GPRS 模块把数据信息传送给 GPRS 网络。

　　(3)服务器中心通过 Internet 网络接收来源于 GPRS 网络的数据信息。陆地上的服务器中心可以根据接收到的数据信息,测得当前海洋波浪波高的大小、计算当前双浮筒漂浮式波浪发电系统输出功率的大小,以及判断双浮筒漂浮式波浪发电系统是否出现运行故障。

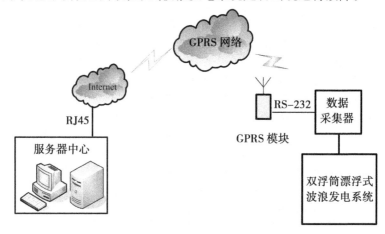

图 4-12　数据采集和通信系统设计方案

　　特别地,服务器中心也可以向双浮筒漂浮式波浪发电系统发送命令帧,以便调整数据采集的内容和方式。

4.3.5　锚链系泊系统设计

　　锚链系泊系统的功能是:由于水平方向力(例如水平波浪力、风力、海流力等)的作用,当浮体漂离其初始的位置时,锚链系泊系统就会提供水平方向的回复力,以便保障浮体始终处于其初始的位置。锚链系泊系统主要分为单点系泊和多点系泊两种。单点系泊系统(Single Point Mooring System),就是通过柔性的锚链与固定在海床上的锚爪(或沉石)系住浮体,并向浮体提供水平方向的回复力,以保障浮体处于其初始的位置。多点系泊系统(Multiple Point Mooring System),就是采用多个系锚点向海上浮体提供水平方向回复力的系统。

　　单点系泊系统是一种较为常见的系泊系统,其结构简单、成本低、操作难度低、实用性强。单点系泊系统的最大优点是浮体的自由度大(360°),可以在不同的风向、波浪方向和海流方向环境中处于最佳受力状态。单点系泊系统的设计依据是浮体所受到的水平方向力,一般而言,漂浮在海洋波浪中的浮体主要受到 3 种水平方向力,分别是水平方向波浪力、水平方向风力和水平方向海流力。

　　水平方向波浪力是浮体受到的水平方向力的主要组成部分。根据海洋波浪力学理论,浮体受到的水平方向波浪力与波高成正比。在工程应用中,水平方向波浪力的计算分为两种情况:

　　一是针对尺寸较小的浮体(浮体的水平尺寸小于海洋波浪波长的0.2 倍),一般采用半理论半经验的 Morison 方程法计算浮体受到的水平方向波浪力,此种方法对于外形规则(例如圆柱体、球体等)的浮体来讲,计算精度较高。

　　二是针对尺寸较大的浮体(浮体的水平尺寸大于海洋波浪波长的0.2 倍),尤其是对于外形不规则的浮体来讲,采用基于网格剖分和格林函数的有限元法,才能较为准确地求解浮体受到的水平方向波浪力。

　　水平方向风力是指空气中的风与浮体水上部分之间的摩擦力。水平方向海流力是指浮体水下部分与海流之间的摩擦力。一般而言,针对尺寸较小的浮体(例如本书涉及的双浮筒漂浮式波浪发电系统),水平方向风力和水平方向海流力可以忽略不计。

　　与单点系泊系统相比,多点系泊系统的成本投入高、安装耗时长,一般在海洋波浪波高较低的海域使用。而双浮筒漂浮式波浪发电系统必须投放在海洋波浪较高的深水区,因为只有在这种情况下,才能更加有效地把海洋波浪能转换成电能。

　　综上所述,本书选择单点系泊系统,保障双浮筒漂浮式波浪发电系统在某一特定海域的定位功能。单点系泊系统的锚链设计流程如图 4-13 所示。

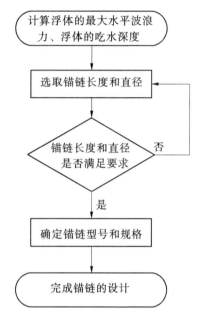

图 4-13 单点系泊系统的锚链设计流程

此外,根据连云港附近海域的海底有平均 0.4~2.5 m 的淤泥层,因此锚的选型应该是锚爪宽而长、啮土能力强。本书为了降低成本投入,选择较大重量的沉石(由钢筋混凝土浇灌而成)作为系泊系统的锚。

4.4　本章小结

本章主要分为以下两个部分:

(1)在格林函数理论和 Froude-Krylov 力的基础上,采用解析法对外浮筒和内浮筒建立了运动方程,导出了双浮筒漂浮式波浪发电系统的工作原理。

(2)根据海试试验投放地点的海洋波浪环境,优化设计了外浮筒和内浮筒的尺寸及重量;考虑到海水的腐蚀特性,加工双浮筒的材料选择了超高分子量聚乙烯;选择 Halbach 充磁方式的圆筒型永磁直线发电机作为双浮筒漂浮式波浪发电系统的能量转换单元;选择基于GPRS 网络和 Internet 网络通信方式的数据采集和通信系统,实现双浮筒漂浮式波浪发电系统运行状态的监测和管理工作;采用单点系泊系统,将双浮筒漂浮式波浪发电系统定位于预定的海域。

参考文献

[1] Falnes J. Ocean Waves and Oscillating Systems[M]. Cambridge:Cambridge University Press,2002.

[2] 韩凌.应用时域格林函数方法模拟有限水深中波浪对结构物的作用[D].大连:大连理工大学,2005.

[3] 王星.近场船舶格林函数理论及计算软件研究[D].武汉:武汉理工大学,2013.

[4] 申亮,朱仁传,缪国平,等.深水时域格林函数的实用数值计算[J].水动力学研究与进展,2007,22(3):380-386.

[5] 王蔷.电磁场理论基础[M].北京:清华大学出版社,2001.

[6] 冯慈璋,马西奎.工程电磁场导论[M].北京:高等教育出版社,2000.

[7] 李远林.波浪理论及波浪荷载[M].广州:华南理工大学出版社,1994.

[8] 秦国治.防腐蚀涂料技术及设备应用手册[M].北京:中国石化出版社,2004.

[9] 胡津津,石明伟.海洋平台的腐蚀及防腐技术[J].中国海洋平台,2008,23(6):39-42.

[10] 张方俭,林仕群.连云港近海波浪特征[J].海岸工程,1983,2(1):15-25.

[11] (Bud)BatesR J.通用分组无线业务技术与应用(GPRS)[M].朱洪波,等译.北京:人民邮电出版社,2004.

[12] 文志成.GPRS 网络技术[M].北京:电子工业出版社,2005.

[13] 文志成.通用分组无线业务 GPRS[M].北京:电子工业出版社,2004.

[14] 尹秀艳,侯思祖,邹雯奇.基于 GPRS 通信技术在远程抄表中的应用[J].继电器,2006,(22):49-52.

[15] 郭恩磊,徐建政.远程自动抄表系统中的现代通信技术[J].电力系统通信,2007,181(28):18-21.

[16] 洪立玮. 波浪发电电能处理与监测系统设计[D]. 南京:东南大学,2015.

[17] Varyani K S,Thavalingam A,Krishnankutty P. New generic mathematical model to predict hydrodynamic interaction effects for overtaking maneuvers in simulators [J]. Journal of Marine Science and Technology,2004,9(1):24-31.

[18] 白辅中. 单锚链系泊稳定性研究[J]. 河海大学学报,1993,21(2):115-119.

第5章　双浮筒漂浮式波浪发电系统的建造和海试试验

5.1　引　言

研究双浮筒漂浮式波浪发电系统的建造过程,可以增强系统设备各个部件之间的衔接性,从而提高系统设备在海洋波浪中运行的安全性和稳定性。分析双浮筒漂浮式波浪发电系统的海试试验结果,可以起到承上启下的作用:

(1)检验理论模型的合理性。第4章建立了双浮筒漂浮式波浪发电系统的理论模型,分析了外浮筒和内浮筒在波浪中的垂直运动速度。本章通过海试试验,可以对双浮筒漂浮式波浪发电系统理论模型的合理性起到良好的检验作用。此外,第4章双浮筒漂浮式波浪发电系统的防海水腐蚀设计、外浮筒和内浮筒的吃水深度设计、圆筒型永磁直线发电机的设计、数据采集和通信系统的设计,以及锚链系泊系统的设计,均有待通过海试试验检验其合理性。

(2)为后续章节的系统优化控制奠定基础。通过对海试试验结果的研究,可以分析双浮筒漂浮式波浪发电系统的运行效率。由于海洋波浪周期的非恒定性,外浮筒与海洋波浪在垂直方向的运动无法实现共振,从而也无法使双浮筒漂浮式波浪发电系统工作在最优状态(最大化地把海洋波浪能转换成电能)。基于海洋波浪的运动特性和双浮筒漂浮式波浪发电系统的动态性能,可以通过采用优化控制的方法,进一步提高双浮筒漂浮式波浪发电系统的工作效率。

本章首先从外浮筒和内浮筒的加工建造过程、双浮筒漂浮式波浪发电系统的整体安装过程进行详细的阐述。然后,通过对海试试验结果的研究,为双浮筒漂浮式波浪发电系统的优化控制奠定基础。

5.2　系统建造

双浮筒漂浮式波浪发电系统的建造历时 12 个月,并于 2014 年 6 月底完成整个系统装置的组装工作。整个系统装置主要分为 4 部分:双浮筒、圆筒型永磁直线发电机、数据采集和通信系统、锚链系泊系统。

5.2.1　外浮筒

结合第 4 章的优化设计理念,外浮筒的设计过程中,需要考虑材料的抗海水腐蚀能力和漂浮在海水中的稳定性。外浮筒的实物图如图 5-1 所示。外浮筒是由超高分子量聚乙烯板材经过卷压、焊接等过程加工而成的,板材的壁厚是 33 mm。从外形来看,外浮筒主要由柱体部分和锥体部分组成。其中,通过在锥体内添加配重铁块,不仅可以调节外浮筒的吃水深度,也可以降低外浮筒的重心,从一定程度上保证外浮筒漂浮在波浪中的稳定性。外浮筒的主要尺寸参数和材料如表 5-1 所示。

柱体部分

椎体部分

图 5-1　外浮筒的实物图

表 5-1 外浮筒的主要尺寸参数和材料

	名称	尺寸(m)或材料
柱体部分	壁厚	0.033
	外径	2.4
	内径	1.0
	高	1.44
	材料	超高分子量聚乙烯
锥体部分	壁厚	0.033
	锥体上端外径	2.4
	锥体下端外径	1.126
	锥体高	0.310 7
	材料	超高分子量聚乙烯

  外浮筒的初步内部结构如图 5-2(a)所示。外浮筒的内部搭建了由角铁组成的骨架,在外力或者碰撞的情况下,角铁骨架可以保障外浮筒不发生变形。此外,在外浮筒的一侧预留了两个方形空间(仪器舱),是为了放置数据采集和通信设备。外浮筒冲泡(聚氨酯)和放置仪器舱之后的内部结构如图 5-2(b)所示。聚氨酯泡沫是以异氰酸酯和聚醚为主要成分的高分子聚合物,通过催化和发泡等化学反应之后,由专用设备经高压喷头喷射到结构物内部。聚氨酯泡沫具有重量轻、硬度强、防水性好等优点,有利于外浮筒吃水深度的调节和仪器舱的防水防潮。

  外浮筒内部经过聚氨酯冲泡和放置仪器舱之后,还需要进行穿管操作,从而完成外浮筒的建造工作。如图 5-2(c)所示,把一个内径为 1 m、壁厚 38 mm 的超高分子量聚乙烯管穿进外浮筒的内壁,然后采用电阻丝加热的方式把穿管两端与外浮筒焊接,从而实现外浮筒的加工和密封工作。

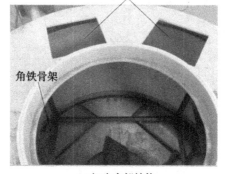

仪器舱的预留空间

角铁骨架

(a) 初步内部结构

仪器舱

聚氨酯泡沫

底座

(b) 聚氨酯冲泡

(c) 穿管密封

图 5-2 外浮筒的内部结构和加工过程

外浮筒的静水试验如图 5-3 所示,目的是检验外浮筒漂浮在水体中的平衡性。根据图 5-3 可知,由于重心发生了偏移,导致外浮筒的吃水线不在其柱体的同一个平面上,平衡性稍差。此外,外浮筒的吃水深度较浅。鉴于此,特地在外浮筒的锥体底部添加了配重铁块环,这样不仅加大了外浮筒的吃水深度,也降低了其重心,从而提高了外浮筒的平衡性。

图 5-3　外浮筒的静水试验

5.2.2　内浮筒

内浮筒由塑料管材挤压机加工而成,其材料是超高分子量聚乙烯,壁厚是 33 mm。根据双浮筒漂浮式波浪发电系统的设计要求,内浮筒的内部主要安装了吃水深度微调仓、包裹发电机的水密舱,以及圆筒型永磁直线发电机等。结合第 4 章的内浮筒内部结构示意图(见图 4-5),图 5-4 给出了内浮筒的内部结构搭建过程,具体如下:

(1)把图 5-4(a)的吃水深度微调仓推入内浮筒内部的中间位置。吃水深度微调仓的材料是不锈钢 316,直径是 0.7 m,高是 0.9 m,厚度是 2 mm。考虑到注水过程中微调仓内的气压会增大,所以在注水口附近设置了一个排气口,其二者共同完成了吃水深度微调仓注水的功能。

(2)把包裹圆筒型永磁直线发电机的水密舱推入内浮筒的端部。如图 5-4(b)所示,水密舱的材料是不锈钢 316,直径是 0.65 m,长是 2

m,厚度是 2 mm。其中,水密舱的法兰盘厚度是 4 mm。

　　(3)把圆筒型永磁直线发电机推入水密舱,如图 5-4(c)所示。

　　(4)采用不锈钢螺栓和螺母把内浮筒的法兰盘、水密舱的法兰盘和圆筒型永磁直线发电机的法兰盘固定在一起,如图 5-4(d)所示。

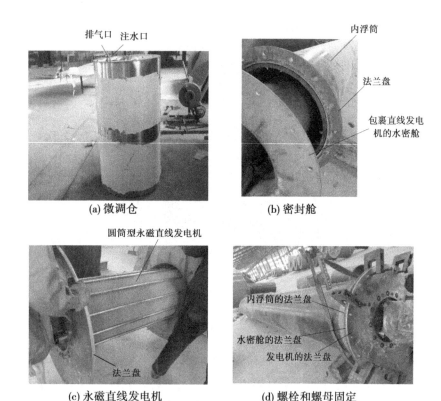

(a) 微调仓　　　　　　　　　(b) 密封舱

(c) 永磁直线发电机　　　　　(d) 螺栓和螺母固定

图 5-4　内浮筒的内部结构搭建过程

5.2.3　圆筒型永磁直线发电机

　　结合第 4 章阐述的直线发电机结构优化理论,双浮筒漂浮式波浪发电系统采用 Halbach 充磁式圆筒型永磁直线发电机(见图 5-5)。该发电机由动子部分(绕组)和定子部分(永磁体)组成。其中,

图 5-5(a)所示是 Halbach 充磁式圆筒型永磁直线发电机的结构图(轴向半剖面),极槽数采用 9 极 10 槽结构,绕组的叠加方式采用分布形式,定子铁芯和动子铁芯的材料是 Steel 10(10 号钢),永磁体的材料是 NdFe35(钕铁硼)。特别地,采用第 2 章推导出的调整边端齿宽和槽宽的方法,大幅度地降低了圆筒型永磁直线发电机的齿槽力,在一定程度上提高了双浮筒漂浮式波浪发电系统的运行效率。

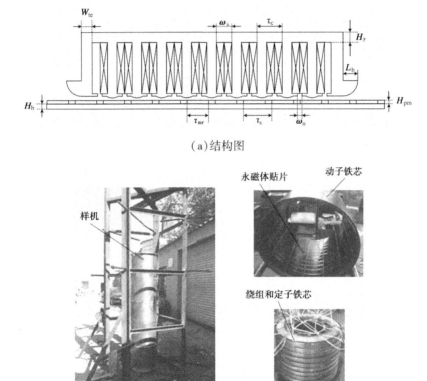

(a)结构图

(b)实物图

图 5-5　Halbach 充磁式圆筒型永磁直线发电机结构和实物图

　　图 5-5 所示的 Halbach 充磁式圆筒型永磁直线发电机,其主要优点是:机械摩擦和损耗小,可以最大化地降低能量传递过程中的损耗;处于海洋波浪中,其密封性能较好,可以避免海水的渗入,进而避免海水

对电机的腐蚀或破坏;结构简单,易于安装和后期维护。

Halbach 充磁式圆筒型永磁直线发电机的结构尺寸如表5-2所示。

表 5-2　Halbach 充磁式圆筒型永磁直线发电机的结构尺寸

参数	名称	数值
τ_s	极距	33.8 mm
τ_{mr}	径向永磁体长度	25.8 mm
τ_{mz}	轴向永磁体长度	8 mm
τ_c	槽距	30 mm
ω_s	槽宽	18.6 mm
R_o	外径	245 mm
R_i	内径	150 mm
H_b	背铁厚度	10 mm
H_{PM}	永磁体厚度	4 mm
G	气隙	3 mm
W_{te}	边端齿宽	13 mm
ω_s	槽口宽度	5.6 mm
L_b	凸初级长度	18 mm
H_y	轭厚度	12 mm
N	匝数	85 匝

根据连云港附近海域年平均波浪的波高,圆筒型永磁直线发电机的动子与定子之间最大相对运动行程是 1.69 m。在海洋波浪垂直方向力的作用下,外浮筒和内浮筒直接驱动圆筒型永磁直线发电机把海洋波浪能转换成电能,这样既简化了系统结构建造的复杂程度,也会因为降低能量传递过程的损耗而提高系统的整体运行效率。

5.2.4　数据采集和通信系统

数据采集和通信系统设备如图 5-6 所示,主要由过压保护装置、数据采集器、整流和滤波装置、海洋波浪波高测量仪、GPRS 无线通信模块、逆变器、蓄电池和蓄电池充电器等组成。数据采集和通信系统运行过程中的电能需求来源于圆筒型永磁直线发电机,具体过程为:圆筒型

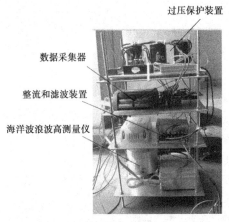

（a）　数据采集系统

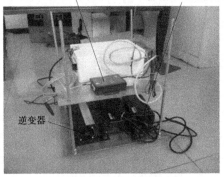

（b）　数据通信系统

图 5-6　数据采集和通信系统设备

永磁直线发电机输出的电压经过整流和逆变后,通过蓄电池充电器向蓄电池充电。然后,蓄电池向海洋波浪波高测量仪、GPRS 无线通信模块和数据采集器等用电设备供电。

数据采集和通信系统主要是利用控制器实现波浪发电装置的电压波形采集和传输,并具备相应的过压保护、过流保护等基本保护环节。

数据采集和通信系统在外浮筒内的安装位置如图 5-7 所示。安装位置 1 是数据采集系统,安装位置 2 是数据通信系统,数据采集系统和数据通信系统通过电缆线和数据线完成二者之间的电能供给和数据通信。为了保证外浮筒漂浮在海洋波浪中不发生倾斜,在安装位置 1 和安装位置 2 的轴对面外浮筒内部添加了同样重量的配重铁块。

图 5-7　　数据采集和通信系统在外浮筒内的安装位置

5.2.5　系统的整体组装

双浮筒漂浮式波浪发电系统的整体组装如图 5-8 所示。其中,位于内浮筒底部的阻尼盘外径是 2.4 m、厚度是 2 mm。在系统正常运行的情况下,由于阻尼盘浸没在海水中,所以阻尼盘的材料采用不锈钢316,以保障其抗海水腐蚀的能力。

外浮筒和内浮筒通过三脚支架平台连接。内浮筒的底部结构如图 5-8(b)所示。其中,锚链 U 形环的作用是连接锚链和沉石,配重块U 形环的作用是调整内浮筒的吃水深度(详见 5.3 节所述)。

(a) 整体组装

(b) 内浮筒的底部结构

图 5-8　双浮筒漂浮式波浪发电系统的整体组装

5.3　海试试验

2014 年 6 月底到 7 月初,双浮筒漂浮式波浪发电系统在连云港附近海域完成了海试试验工作。海试试验主要分为两部分,分别是位于静水区域的双浮筒吃水深度试验和位于波浪区域的发电试验。

由于系挂于内浮筒底端的锚链重量会影响到内浮筒的吃水深度,并且外浮筒和内浮筒在静水中的水平位置会影响到其二者之间的相对运动幅度,所以双浮筒漂浮式波浪发电系统的静水试验是十分有必要的,可为波浪区域的发电试验奠定基础。

5.3.1　静水试验

静水试验的地点位于连云港港口的 28 号泊位,该泊位的水深是 16.5 m,且港口内的波浪波高非常小,完全满足双浮筒漂浮式波浪发电系统静水试验的要求。静水试验的系统装置投放过程如图 5-9 所示。投放过程中,为了保障位于内浮筒上端部的圆筒型永磁直线发电机不被海水浸泡,整个波浪发电装置采用倾斜角 45°的方式入水,也就是内浮筒下端部的阻尼盘和锚链首先入水,然后再继续释放吊装缆绳,使整个双浮筒漂浮式波浪发电系统在自然状态下漂浮在水中。

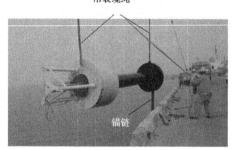

图 5-9　静水试验的系统装置投放过程

在静水中,外浮筒和内浮筒吃水深度最理想的状态是:

(1)内浮筒的顶端水平线位于外浮筒上端 3 根支架立柱的中间位置,因为只有在这种情况下,双浮筒才能在海洋波浪垂直方向力的作用下做合理的往复运动。

(2)双浮筒的重心应当位于其下端部,并且越低越好,因为这样有利于双浮筒在水中不发生倾斜,增强双浮筒相对运动过程的稳定性。在没有外力作用的情况下,外浮筒和内浮筒的吃水深度如图 5-10 所示。

由图 5-10 可知,由于内浮筒的吃水深度较大,导致内浮筒的顶端水平线位于支架立柱中间位置的下端,这种情况是不合理的,不利于波浪发电系统的正常运行。经分析表明,内浮筒吃水深度较大,是阻尼盘下端 U 形环[见图 5-8(b)]挂载的配重块过重引起的(配重块由 4 个

图 5-10　双浮筒漂浮式波浪
发电系统在静水中的状态

铁块组成,每个铁块重 80 kg)。因此,根据内浮筒单位厘米长度产生的浮力,去掉 3 个铁块,然后重新进行静水试验,试验结果表明,内浮筒的顶端水平线基本位于 3 根支架立柱的中间位置。

事实证明,双浮筒漂浮式波浪发电系统的静水试验是十分有必要的。通过静水试验,可以观测外浮筒和内浮筒的吃水深度,并观测整个发电系统在水中的竖直方向稳定性。静水试验为双浮筒漂浮式波浪发电系统在波浪区域的正常发电试验奠定了良好的基础。

5.3.2　发电试验

2014 年 7 月 1 日,双浮筒漂浮式波浪发电系统在连云港附近海域(北纬 34.9025°,东经 119.5361°)完成了发电试验工作。该海域在满潮期的水深约 17 m,潮差约 5 m。

发电试验的过程主要分为两个步骤,分别如下:

(1)投放双浮筒漂浮式波浪发电系统的沉石和锚链,如图 5-11(a)所示。其中,沉石重量为 4 t,为了降低成本投入,沉石由钢筋混凝土浇灌而成;锚链长 13.7 m,链环直径为 0.028 m,质量为 222 kg。锚链的一端连接沉石,另一端连接内浮筒底部的 U 形环[见图 5-8(b)]。

(2)投放双浮筒漂浮式波浪发电系统的外浮筒和内浮筒,其过程如图 5-11(b)所示。投放过程中,整个波浪发电系统下端部的水平位置要低于上端部的水平位置,目的是保障波浪发电系统下端部先入水,从而防止海水浸入位于发电系统上端部的数据采集和通信模块,以及由于海水的浸入而影响圆筒型永磁直线发电机的运行工作(尽管已经做了相关的密封处理)。为了防止在夜间被其他海上行驶船只碰撞,波浪发电系统的上端部安装了警示灯。

(a) 沉石和锚链投放

(b) 双浮筒投放

图 5-11　发电试验的系统装置投放过程

如图 5-12 所示,是双浮筒漂浮式波浪发电系统在正常发电运行状态下的实物图。在海洋波浪垂直方向力的作用下,外浮筒与内浮筒产生相对运动,从而直接驱动圆筒型永磁直线发电机进行发电运行。现场观测表明,在海洋波浪垂直方向力的作用下,双浮筒漂浮式波浪发电系统的内浮筒接近于静止状态,而其外浮筒随着海洋波浪做垂直方向的往复运动。因此,双浮筒漂浮式波浪发电系统具有较好的静态特性和动态特性。

图 5-12　双浮筒漂浮式波浪发电系统在正常发电运行状态下的实物图

此外,采用单点系泊的方法,双浮筒漂浮式波浪发电系统在海洋波浪中没有发生倾斜现象。所以,双浮筒漂浮式波浪发电系统采用单点系泊的方法是合理的、可行的。

双浮筒漂浮式波浪发电系统输出电压的测试工作,主要是基于数据采集器、GPRS 无线通信网络和 Internet 网络完成的。具体过程如下:

(1)通过安装在外浮筒电子舱内的电能处理装置,对双浮筒漂浮式波浪发电系统输出的电压进行降压等处理,使之符合数据采集器的采集范围。

(2)通过数据采集器,把采集到的电压数据以有线的形式传送到GPRS 模块。

(3)这些电压数据通过 GPRS 无线通信网络和 Internet 网络传送到主站中心。

因此,主站中心可以实时地获取双浮筒漂浮式波浪发电系统的输出电压,进而可以计算得到该波浪发电系统的实时输出功率。

　　如图 5-13 所示,是主站中心通过 GPRS 无线通信网络和 Internet 网络获得的某一时间段双浮筒漂浮式波浪发电系统输出的单相电压和三相电压。由图 5-13 可知,此时圆筒型永磁直线发电机输出的电压峰值约为 300 V、电压频率约为 7.5 Hz。此外,由于课题组其他成员设计的数据采集器在高频的情况下所采集的数据发生了重叠,从而导致三相电压的相位发生了略微的变化。

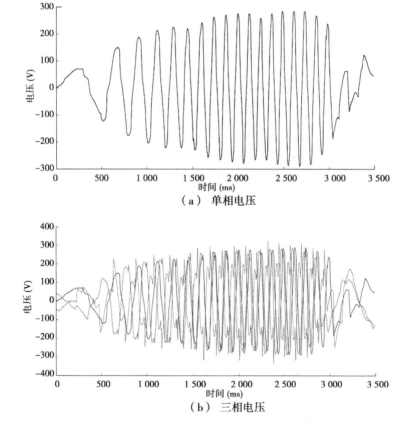

（a）　单相电压

（b）　三相电压

图 5-13　双浮筒漂浮式波浪发电系统的输出电压（一）

　　特别地,由于此时间段内海洋波浪波高变化的不平滑性,造成双浮筒漂浮式波浪发电系统输出的三相电压波形发生了局部畸变。

如图 5-14 所示,是双浮筒漂浮式波浪发电系统在海洋波浪波高变化较为平滑的情况下,某一时间段内输出的单相电压和三相电压。该时间段内输出的电压峰值约为 230 V,输出的电压曲线较为平滑。出现电压曲线较为平滑的主要原因是此时间段内的海洋波浪波高的变化没有发生突变,其变化趋势也是平滑的。

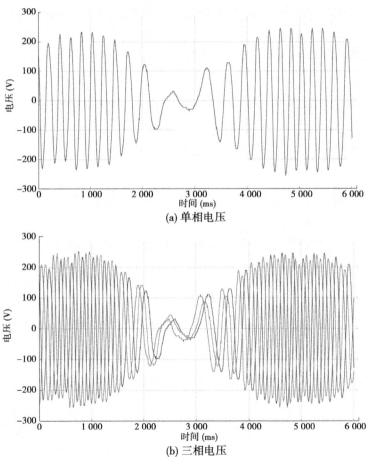

(a) 单相电压

(b) 三相电压

图 5-14　双浮筒漂浮式波浪发电系统的输出电压(二)

与图 5-13 相比,图 5-14 所示的圆筒型永磁直线发电机输出的电压幅值略小,但其输出电压的波形较好,有利于电能的处理、存储和传送。因此,图 5-14 是双浮筒漂浮式波浪发电系统较为理想的运行状态。

　　在海洋波浪中,假设双浮筒漂浮式波浪发电系统的内浮筒处于静止状态,那么,如图 5-15 的实线所示,是根据图 5-14 所示的电压波形幅值,以及圆筒型永磁直线发电机的速度-电压幅值仿真计算结果,绘制的外浮筒在垂直方向的运动速度。在此基础上,由外浮筒的垂直方向运动速度,并假设外浮筒与海洋波浪处于共振状态,则海洋波浪在垂直方向的运动速度如图 5-15 的虚线所示。

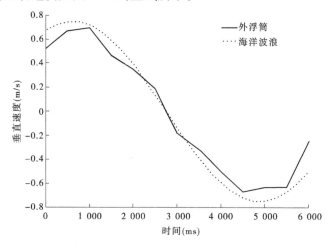

图 5-15　外浮筒和海洋波浪的垂直运动速度

　　图 5-15 所示的外浮筒和海洋波浪垂直运动速度曲线,是通过永磁直线发电机输出电压的实际测量值与仿真计算值比较得到的,具体过程如下:

　　(1)在进行永磁直线发电机制论设计的时候,通过仿真软件计算出发电机在不同运动速度情况下对应的输出电压峰值(负载值),如图 5-16 所示。

　　(2)根据浮筒设计部分的研制内容,永磁直线发电机的运动速度也就是外浮筒与内浮筒间的相对运动速度。假设内浮筒是静止的,那么根据图 5-14 实际测量得到的波浪发电装置输出电压峰值(负载值),

并结合仿真软件的计算值,绘制出外浮筒与内浮筒间的相对运动速度,
如图 5-15 实线部分所示。

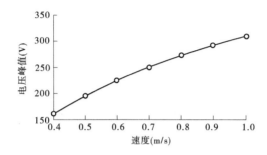

图 5-16　永磁直线发电机的速度与输出电压峰值曲线

(3)根据图 5-15 实线部分所示的外浮筒垂直运动速度,近似地绘
制出波浪的垂直运动速度。需要说明的是,外浮筒的重量(也就是吃
水深度),是在波浪周期为 8.5 s 情况下的最优化重量,而此时的实际
海洋波浪周期也是 8.5 s(由实际测量的输出电压图 5-14 所得),在这
种情况下,外浮筒与波浪的运动可以认为是共振状态。所以,近似地认
为外浮筒的垂直运动与波浪的垂直运动是同步的,从而绘制出波浪的
垂直运动速度,如图 5-15 虚线部分所示。

综合以上 3 个步骤所述,海洋波浪垂直方向速度的绘制,是通过永
磁直线发电机输出电压的实际测量值与仿真计算值比较,并采用近似
处理的方式得到的。

根据海洋波浪运动理论,波前单位宽度的波浪功率计算式是 $J=\rho g^2/(32\pi)TH_s^2=(976W_s^{-1}\ \mathrm{m}^3)TH_s^2$,式中 ρ 为海水密度,g 为重力加速
度,T 为波浪周期,H_s 为波浪波高。而课题组其他成员设计的数据采
集装置实际测量到的平均功率大约是 1 000 W,如图 5-17 所示。则根
据测量时刻推导的波浪周期 $T\approx8.5$ s、波高 $H_s\approx1.5$ m 和外浮筒水平
面积($\pi\times1.2^2-\pi\times0.5^2$),计算所得的波浪功率转换成电功率的效率大
约为 1.4%。

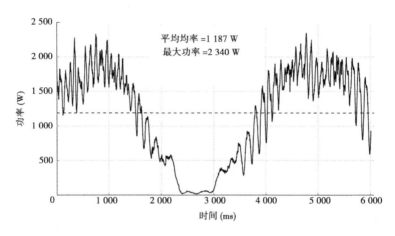

图 5-17　海试试验的某一段时间的瞬时功率波形

综上所述,双浮筒漂浮式波浪发电系统的输出电压波形与海洋波浪波高有紧密的联系。假如海洋波浪波高是平滑性地变化,那么外浮筒与内浮筒之间的相对垂直运动速度也是平滑性地变化,从而导致双浮筒漂浮式波浪发电系统输出的电压波形趋于正弦。但是,大部分时候,海洋波浪波高变化是不平滑的,内浮筒不可能处于绝对的静止状态,外浮筒也不可能与海洋波浪处于共振状态。此外,由上述分析可知,双浮筒漂浮式波浪发电系统的波浪功率转换成电功率的效率还比较低。所以,有必要对双浮筒漂浮式波浪发电系统进行优化控制,用以提高系统的运行质量和效率。

5.4　系统维护和完善

图 5-12 所示的双浮筒波浪发电装置,由于没有充分考虑三脚架和内浮筒之间的机械衔接强度,3 天后,二者衔接处已损坏,导致整个系统装置停止运行,如图 5-18(a)所示。随后,把该发电装置打捞出海,进行机械结构修复,又重新投入自然海洋波浪中进行试验测试。3 个月后,由于经历了夏季的几轮台风,且该发电装置没有采取任何优化控

(a) 第一次海试试验

(b) 第二次海试试验

图 5-18　试验失败的经历

制措施,导致系统装置再次损坏,如图 5-18(b)所示。两次试验测试受挫的经历,再次印证了对波浪发电装置进行优化控制的必要性。综合上述双浮筒波浪发电装置在海洋波浪环境中的测试结果,以及两次的试验测试受挫经历,科研团队提出了基于内模 PID 算法的波浪发电装置优化控制理论,详见后续章节的阐述。

5.5　本章小结

本章首先详细阐述了外浮筒和内浮筒的建造过程,并在静水中对外浮筒的稳定性做了初步的测试。测试结果表明,外浮筒的吃水深度和重心需要进一步地调整。外浮筒吃水深度和重心得到调整后,为顺利实施双浮筒漂浮式波浪发电系统的海试试验提供了良好的基础条件。

然后,针对圆筒型永磁直线发电机、数据采集和通信模块,以及整个双浮筒漂浮式波浪发电系统的组装,做了简要的描述。

最后,采用静水测试和发电测试两种方式,对双浮筒漂浮式波浪发电系统进行了海试试验。静水测试是发电测试的前提和基础。在静水测试的过程中,有利于发现问题并解决问题,为发电测试提供丰富的经验积累和方案指导。

在海洋波浪波高变化不平滑的情况下,双浮筒漂浮式波浪发电系统输出电压出现了局部畸形的现象。而根据海洋波浪的运动特性,大多数时候的海洋波浪波高变化是不平滑的,并且外浮筒也无法实现与海洋波浪的共振。因此,非常有必要对双浮筒漂浮式波浪发电系统采取优化控制策略,一方面是为了提高系统运行的效率,另一方面是为了提高系统运行的平稳性。

双浮筒漂浮式波浪发电系统的优化控制,正是第 6 章研究的主要内容。

参考文献

［1］刘春元.圆筒型永磁直线发电机在直驱式波浪发电系统的应用研究［D］.南京：东南大学,2015.

［2］赵博,张洪亮. Ansoft 12 在工程电磁场中的应用［M］.北京：中国水利水电出版社,2010.

［3］李帅,彭国平,鱼振民,等. The Application of Ansoft EM in motor Design% AnsoftEM 在电机设计中的应用［J］.微电机,2004,37(4):52-54.

［4］刘国强. Ansoft 工程电磁场有限元分析［M］.北京：电子工业出版社,2005.

［5］裘昌利,张红梅,刘少克.基于 Ansoft 的直线感应电机性能分析［J］.微特电机,2006(11):22-23.

［6］Falnes J. Ocean Waves and Oscillating Systems［M］. Cambridge：Cambridge University Press,2002.

［7］麦考密克,许适.海洋波浪能转换［M］.北京：海洋出版社,1985.

［8］耀保.海洋波浪能综合利用：发电原理与装置［M］.上海：上海科学技术出版社,2013.

［9］宋保维,丁文俊,毛昭勇.基于波浪能的海洋浮标发电系统［J］.机械工程学报,2012,48(12):139-143.

第6章　双浮筒漂浮式波浪发电系统优化控制理论基础

6.1　引　言

前面各章的研究结果表明,在海洋波浪波高不平滑变化的情况下,双浮筒漂浮式波浪发电系统的输出电压出现了局部畸变的现象。此外,由于海洋波浪周期是随机的,而外浮筒的固有振荡周期是恒定的,因此不可能使双浮筒漂浮式波浪发电系统的运行与海洋波浪的运行达到共振的效果。所以,有必要采用优化控制方法提高双浮筒漂浮式波浪发电系统电能输出的质量和效率,这是本章研究的主要内容。

内模PID(Internal Model Proportion Integration Differentiation)控制,作为一种新型的优化控制方法,是将内模控制的思想引入PID控制器的设计过程中,越来越受到系统优化控制领域专家学者的瞩目。内模PID控制是根据被控对象的运动过程数学模型,进行控制器的设计和优化,进而提高被控对象的稳定性和运行效率。

本章将结合海洋波浪垂直方向速度和双浮筒漂浮式波浪发电系统的运动过程数学模型,采用内模PID控制的方法提高系统的运行效率,具体步骤如下:

(1)海洋波浪垂直方向速度的预测。若要实施对双浮筒漂浮式波浪发电系统的优化控制,必须获得未来某一时间段内的海洋波浪垂直方向速度变化趋势。因为只有在未来某一时间段内的海洋波浪垂直方向速度变化趋势已知的情况下,才能优化控制外浮筒和内浮筒之间的相对垂直运动速度,使之与海洋波浪垂直方向速度达到共振,从而提高系统的工作效率。本章将采用自回归移动平均(Auto-Regressive and

Moving Average, ARMA)模型,预测未来某一时间段内的海洋波浪垂直方向速度变化趋势。

(2)外浮筒和内浮筒之间的相对垂直运动速度分析。在第 2 章里,主要分析了单浮筒波浪发电系统空载运行情况下的浮筒垂直运动速度,并没有考虑其负载运行因素(也就是永磁直线发电机的负载力 $\hat{F}_{ul}$)。事实上,若要对双浮筒漂浮式波浪发电系统进行优化控制,必须考虑永磁直线发电机的负载力 $\hat{F}_{ul}$。本章将结合永磁直线发电机的负载力 $\hat{F}_{ul}$,分析外浮筒和内浮筒之间的相对垂直运动速度。

(3)双浮筒漂浮式波浪发电系统的优化控制。根据步骤(1)和(2),进行内模 PID 控制器的设计,通过仿真计算,验证内模 PID 控制方法应用于双浮筒漂浮式波浪发电系统的可行性。

6.2　海洋波浪垂直方向速度预测

海洋波浪垂直方向速度预测,属于时间序列预测的范畴。所谓时间序列预测,就是在已知当前值和历史值的基础上,预测时间序列在将来某一时间段内的发展趋势。时间序列的预测方法有很多种,下面简要概括一下各种方法的优缺点,并从中选择一种适合海洋波浪垂直方向速度预测的方法。

6.2.1　时间序列预测概述

时间序列是描述事物某一(或某些)特征随着时间变化的一组数值,该组数值具有连续性。时间序列具有如下特性:

(1)趋势性。由于系统外部因素或者内在因素的影响,时间序列的发展变化具有一定的趋势性,或者表现为上升趋势,或者表现为下降趋势。这种趋势性,可以是非线性的,也可以是线性的。

(2)周期性。时间序列随着时间的变化,呈现周期性的变化。在周期性变化的过程中,时间序列的幅值和周期大小也可以是变化的。

海洋波浪垂直方向速度,就是具有周期性特征的时间序列。

(3)随机性。某些现象的发生是由于偶然因素引起的,所以其时间序列具有随机性。

(4)复杂性。某些现象的时间序列同时具有上述3种特性。

时间序列预测是一种数据处理的方法。该种方法通过随机过程理论和数据分析理论,寻找数据序列在未来的发展趋势,从而用于解决实际问题。

6.2.1.1　灰色预测法

目前,灰色预测法得到了诸多专家学者的瞩目,例如应用于气象预测、地震预测和庄稼病虫害预测等。针对具有随机特性的时间序列系统,灰色预测法通过建立灰色预测模型,从中发现时间序列各个因素间的关系,及其总体发展变化的规律,最终达到预测时间序列未来发展趋势的目的。

所谓灰色预测模型,就是把含有随机因素的系统视作一个灰色系统,认为灰色系统里的时间序列是经过处理的灰色量,并且这些灰色量在一定范围内是变化的。通过对这些灰色量进行分析,可以使原始时间序列的变化趋势趋于线性化和规律化,进而实现未来某一时刻时间序列的预测。

灰色量的建立和未来某一时刻时间序列的预测,来源于求解微分方程,具体过程如下。

假设当前和历史的时间序列是 $x_0 = [x_0(1), x_0(2), \cdots, x_0(n)]$,对该时间序列进行一次累加处理,则可以得到 t 时刻的时间序列为

$$x_t = \sum_{i=1}^{t} x_0(i) \qquad t = 1, 2, \cdots, n \qquad (6\text{-}1)$$

式(6-1)的影子微分方程(也称为白化微分方程)是

$$\frac{\mathrm{d}x_t}{\mathrm{d}t} + \alpha x_t = \gamma \qquad (6\text{-}2)$$

式中

$$\alpha = (\alpha, \gamma)^{\mathrm{T}} = (Q^{\mathrm{T}}Q)^{-1}Q^{\mathrm{T}}Y \qquad (6\text{-}3)$$

$$Q = \begin{bmatrix} -\dfrac{1}{2}\big[x_t(1) + x_t(2)\big] & 1 \\ -\dfrac{1}{2}\big[x_t(2) + x_t(3)\big] & 1 \\ \vdots & \vdots \\ -\dfrac{1}{2}\big[x_t(n-1) + x_t(n)\big] & 1 \end{bmatrix} \tag{6-4}$$

$$Y = \begin{bmatrix} x_0(2) \\ x_0(3) \\ \vdots \\ x_0(n) \end{bmatrix} \tag{6-5}$$

把式(6-2)离散化,则得到其响应函数

$$\hat{x}_t(m+1) = \left[x_0(1) - \frac{\gamma}{\alpha}\right]e^{-\alpha m} + \frac{\gamma}{\alpha} \qquad m = 1,2,\cdots,n \tag{6-6}$$

对式(6-6)做一次累减还原处理,则可以得到原始数据的时间序列拟合式

$$\hat{x}_0(m+1) = \hat{x}_t(m+1) - \hat{x}_t(m) = (1 - e^{\alpha})\left[x_0(1) - \frac{\gamma}{\alpha}\right]e^{-\alpha m}$$
$$m = 1,2,\cdots,n \tag{6-7}$$

根据式(6-7),把参数 m 取值为 $n+1, n+2, \cdots$,则可以通过计算得到时间序列在未来某一时刻的值,从而达到时间序列预测的目的。

上述灰色预测法,主要是利用一次累加处理和一次累减还原处理,以及指数函数拟合原始数据,实现时间序列的解析表达。但是,指数函数的表达式是固定的,所以采用灰色预测法计算时间序列在未来某一时刻的值,主要存在以下两个问题:

(1)无法对指数增长型时间序列做较长时间的预测。对呈线性变化的时间序列进行预测时,可以依托式(6-7)的指数型曲线特性(曲线的两端较为平直),实现未来某一时刻时间序列的准确预测。但是,对于呈非线性变化的时间序列(例如指数增长型时间序列),则是利用指数型曲线的中间部分进行拟合,而指数型曲线的中间部分却无法准确

地预测未来某一时刻的时间序列。

（2）预测值的准确性与历史值有关。尽管式（6-7）可以对呈线性变化的时间序列进行较为准确的预测，但其预测值的准确性与历史值的数量有很大的关系。在历史值的数量较大或者较小的情况下，式（6-7）得到的预测值与实际值误差较大。

6.2.1.2　BP 神经网络预测法

BP（Back Propagation）神经网络预测法，是在 BP 神经网络模型的基础上建立起来的。1985 年，著名学者 Rumelhart 和 McCelland 提出了 BP 神经网络的初步架构：BP 神经网络主要由输入层、隐层和输出层组成，是一种遵循输入变量正向传播、权值和阈值逆向传播的多层前馈型神经网络；BP 神经网络可以通过神经元的 S 型函数（而不是常规预测算法中的数据拟合方程），实现输入层和输出层之间的非线性映射，进而实现函数逼近、模式识别、类型甄别和数据信息处理等功能。

BP 神经网络的隐层通常有多个，各个隐层之间的信息传递采用 S 型函数完成，而输出层采用的是线性化的传递函数。如图 6-1 所示，是一个单隐层 BP 神经网络结构。

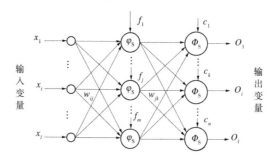

图 6-1　单隐层 BP 神经网络结构

图 6-1 中的各个变量含义如下：x_i 为输入变量侧 i 输入层的输入量，$i = 1, 2, \cdots, l$；w_{ij} 为 j 隐层与输入变量侧 i 输入层之间的权值；f_j 为 j 隐层的阈值；φ_S 为隐层的 S 型函数；w_{jk} 为输出变量侧 k 输出层与 j 隐层之间的权值；c_k 为输出变量侧 k 输出层的阈值；Φ_S 为输出变量侧的线性函数；O_i 为输出变量侧 i 输出层的输出量。

当前,由于计算机技术的快速发展,基于计算机编程的 BP 神经网络预测法已经得到了广泛的应用。一般情况下,BP 神经网络预测法的步骤如图 6-2 所示。

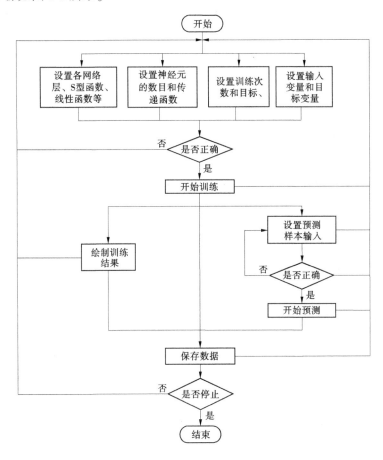

图 6-2　BP 神经网络预测法的步骤

在权值和阈值的逆向传播过程中,BP 神经网络采用误差梯度法重新调整输出层与隐层、隐层与输入层之间的权值和阈值,使调整后的 BP 神经网络的输出变量更接近于实际值。BP 神经网络输入变量正向传播的过程式可以描述为

$$O_i = \Phi_S \Big[\sum_{j=1}^{m} w_{jk}\varphi_S (\sum_{i=1}^{l} w_{ij} + f_j) + c_k \Big] \qquad (6\text{-}8)$$

BP 神经网络预测法最大的不足是由于函数运算的收敛速度慢,导致计算耗时较长。此外,通过 MATLAB 仿真计算表明,BP 神经网络对于周期性变化的时间序列,其预测结果与实际值的误差较大。而针对海洋波浪垂直方向速度具有周期性和非线性的特点,BP 神经网络预测的计算耗时会更长,且预测精度不高,这对于双浮筒漂浮式波浪发电系统的优化控制是十分不利的。

6.2.1.3 自回归预测法

所谓自回归(Auto-Regressive, AR)预测法,就是利用时间序列的当前值和历史值,建立一种多元回归方程,从而实现未来时间序列值预测的方法。一般情况下,自回归预测法的基本回归方程可以描述为

$$x_t = \varphi_1 x_{t-1} + \varphi_2 x_{t-2} + \cdots + \varphi_p x_{t-p} + \varepsilon_t \qquad (6\text{-}9)$$

式中:$x_t, x_{t-1}, x_{t-2}, \cdots, x_{t-p}$ 为 t 时刻及其前 p 个时刻的序列值;φ_1, $\varphi_2, \cdots, \varphi_p$ 为偏相关系数;ε_t 为随机变量(白噪声)。

特别地,如果 t 时刻序列值 x_t 与 $t-1$ 时刻的序列值 x_{t-1} 有关系,而与 $t-1$ 时刻前的序列值没有关系,则式(6-9)可以简化为一阶自回归模型,其方程为

$$x_t = \rho_t x_{t-1} + \varepsilon_t \qquad (6\text{-}10)$$

式中:ρ_t 为 t 时刻的自相关系数。

一般情况下,自相关系数的取值范围为 $|\rho_t| < 1$,$|\rho_t|$ 越接近于 1,则表明式(6-10)的自相关程度越高。时间序列的自相关系数意义重大:对于随机时间序列,其自相关系数几乎接近于零;但对于呈线性变化的时间序列,或者是具有固定周期性的时间序列,其自相关系数接近于1。因此,自相关系数可以决定数据序列的未来值是否可以采用自回归模型进行预测。

自回归预测法的步骤如下:

(1)由 Yule-Walker 方程组,求解各个时间序列值的自相关系数。

(2)选择自相关系数较大的时间序列值,建立自回归方程。

(3)利用建立的自回归方程,求解时间序列的预测值。

　　采用自回归预测法计算未来某一时间段内的时间序列,所需要的历史值不多,但这些历史值必须具有自相关性。因此,自回归预测法适用于发展趋势受到历史因素影响的行业,例如矿产开发、农作物耕地面积等。而对于容易受到周围环境影响的时间序列,不宜采用自回归预测法。

　　对海洋中的波浪而言,由于海洋波浪垂直方向运动速度具有非线性的特点,且其时间序列的周期是不固定的,所以不宜单独采用自回归预测法计算未来某一时间段内的海洋波浪垂直方向运动速度。

6.2.1.4　移动平均预测法

　　移动平均(Moving Average,MA)预测法,就是一种根据时间序列当前值和历史值的移动平均值,计算一定数目的未来时间序列值,从而反映时间序列变化趋势的方法。移动平均预测法具有较高的抗干扰性,可以忽略时间序列的某些畸形值,使时间序列当前值和历史值的分布具有平滑特性。一般情况下,q 阶移动平均预测法的基本表达式可以描述为

$$x_t = \varepsilon_t + \theta_1 \varepsilon_{t-1} + \theta_2 \varepsilon_{t-2} + \cdots + \theta_q \varepsilon_{t-q} \tag{6-11}$$

式中:x_t 为时间序列值;$\varepsilon_t, \varepsilon_{t-1}, \varepsilon_{t-2}, \cdots, \varepsilon_{t-q}$ 为随机变量(白噪声),θ_1, $\theta_2, \cdots, \theta_q$ 为待定系数。

　　特别地,一阶移动平均预测法的表达式为

$$x_t = e_t + \beta_1 e_{t-1} \tag{6-12}$$

式中:e_t 为均值为零、方差为 e_t^2 的随机变量(白噪声);β_1 为待定系数。

　　一般情况下,增加时间序列当前值和历史值的总数,会使移动平均值曲线较为平滑,但对于预测值的影响不大;此外,由于移动平均值基于过去的时间序列计算而得,所以移动平均法并不能较为全面地反映未来时间序列的变化趋势。

　　所以,很多文献提出了改进的移动平均模型,应用于气象、地震、工业、农业等方面的预测。

　　本章在综合自回归预测法和移动平均预测法的基础上,采用自回归移动平均(ARMA)模型,预测双浮筒漂浮式波浪发电系统附近的、未来某一时间段内的海洋波浪垂直方向运动速度。

6.2.2　海洋波浪垂直方向速度的 ARMA 模型预测

一般情况下,ARMA 模型的基本表达式可以描述为

$$x_t = \varphi_0 + \varphi_1 x_{t-1} + \varphi_2 x_{t-2} + \cdots + \varphi_p x_{t-p} - \varepsilon_t -$$
$$\theta_1 \varepsilon_{t-1} - \theta_2 \varepsilon_{t-2} - \cdots - \theta_q \varepsilon_{t-q} \tag{6-13}$$

式中:x_t 为时间序列值;p 为自回归阶数;q 为移动平均阶数;$\varphi_0, \varphi_1,$ $\varphi_2, \cdots, \varphi_p$ 和 $\theta_1, \theta_2, \cdots, \theta_q$ 为待定系数;$\varepsilon_t, \varepsilon_{t-1}, \varepsilon_{t-2}, \cdots, \varepsilon_{t-q}$ 为独立的误差项。

式(6-13)中,假设时间序列值 x_t 呈正态分布和零均值,且满足差分方程

$$x_t - \varphi_1 x_{t-1} - \cdots - \varphi_p x_{t-p} = z_t + \theta_1 z_{t-1} + \cdots + \theta_q z_{t-q} \tag{6-14}$$

式中:z_t 呈正态分布和零均值,p 阶自回归待定系数多项式 φ 与 q 阶移动平均待定系数多项式 θ 没有公共因子,则称式(6-14)为 ARMA(p,q) 模型。

采用 ARMA 模型预测海洋波浪垂直方向运动速度的过程,如图 6-3 所示,其具体步骤或过程如下:

(1)时间序列的差分运算。对当前和历史海洋波浪垂直方向速度值(由海洋波浪波高测量仪获得)进行差分运算,一般情况下,海洋波浪垂直方向速度值需要经过两次差分运算,目的是消除该时间序列的不平稳趋势性。

(2)时间序列的标准化处理。对当前和历史海洋波浪垂直方向速度值进行标准化处理,目的是使时间序列的各个数值之间具有可比性。

(3)建立合理阶数(自回归阶数和移动平均阶数)的 ARMA 模型。求解当前和历史海洋波浪垂直方向速度值的自相关系数和偏相关系数,自相关系数和偏相关系数有利于分析时间序列的变化特性和截尾性,为建立合理阶数的 ARMA 模型奠定必要的基础。

(4)计算未来时间序列值。通过建立合理自回归阶数和移动平均阶数的 ARMA 模型,计算未来某一时间段内的海洋波浪垂直方向速度值。

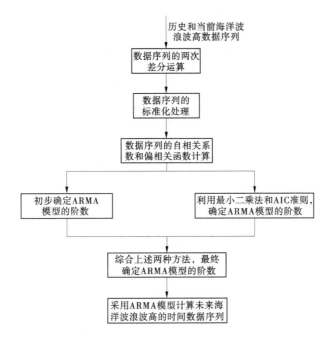

图 6-3   基于 ARMA 模型的海洋波浪垂直方向运动速度预测流程

特别地,时间序列的自相关系数和偏相关系数对于 ARMA 模型的建立起到关键性的作用。假如时间序列的自相关系数和偏相关系数收敛到零的时间很短,那么该时间序列的未来值适合采用 ARMA 模型进行预测。

6.2.3   算例

下面将以海洋波浪垂直方向运动速度的当前值和历史值(原始时间序列)为基础,采用 ARMA 模型对未来某一时间段内的海洋波浪垂直方向运动速度进行预测。

如表 6-1 所示,是某一段时间段内的海洋波浪垂直方向速度数据,其中数据 81~96 为待预测的数据。

如图 6-4 所示,对海洋波浪垂直方向运动速度当前值和历史值的时间序列进行差分运算,与原始时间序列相比,差分运算后的时间序列非常平滑,从而消除了时间序列的不平稳性。图 6-5 是对时间序列进行标准化处理,使各个相邻数值之间具有可比性,从而增强了各个相邻数值之间的数学关系。图 6-6 的自相关系数和图 6-7 的偏相关系数为确立 ARMA 模型的自回归阶数和移动平均阶数奠定了基础。

表 6-1　某一段时间段内的海洋波浪垂直方向速度数据

数据 1~20	数据 21~40	数据 41~60	数据 61~80	数据 81~96
0	−0.037 5	−0.625 8	−1.787 6	−1.884 6
0.002 2	−0.049 8	−0.675 8	−1.842 5	−1.813 8
0.005 1	−0.062 5	−0.727 4	−1.896 8	−1.735 3
0.007 8	−0.078 8	−0.779 4	−1.946 4	−1.643 3
0.010 4	−0.096 7	−0.835 0	−1.993 3	−1.539 4
0.014 6	−0.114 9	−0.889 7	−2.035 4	−1.425 4
0.014 6	−0.134 3	−0.948 9	−2.073 8	−1.301 5
0.015 4	−0.158 2	−1.005 6	−2.102 3	−1.167 3
0.017 0	−0.180 9	−1.066 3	−2.131 5	−1.025 8
0.017 5	−0.206 7	−1.125 8	−2.148 7	−0.871 0
0.016 3	−0.236 0	−1.184 6	−2.161 7	−0.706 3
0.015 8	−0.266 5	−1.247 3	−2.167 7	−0.532 6
0.015 0	−0.299 8	−1.308 5	−2.165 8	−0.350 4
0.012 1	−0.332 3	−1.368 2	−2.155 0	−0.166 3
0.008 2	−0.368 3	−1.431 9	−2.136 9	0.028 1
0.003 9	−0.406 2	−1.493 7	−2.115 1	0.223 3
−0.003 8	−0.444 8	−1.553 7	−2.081 9	
−0.009 0	−0.488 7	−1.611 5	−2.046 2	
−0.017 8	−0.532 0	−1.673 2	−2.002 4	
−0.027 4	−0.579 3	−1.733 1	−1.946 6	

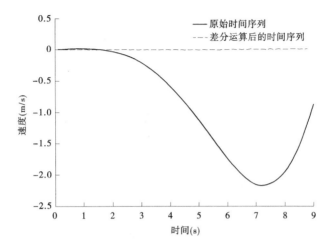

图 6-4　差分运算后的时间序列和原始时间序列

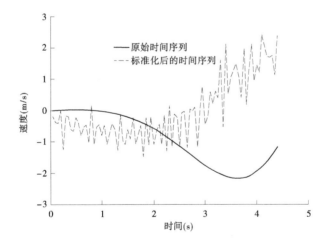

图 6-5　标准化后的时间序列和原始时间序列

如图 6-8 所示,是海洋波浪垂直方向运动速度的 ARMA 模型预测值和实际值。通过比较表明,采用 ARMA 模型,可以较为准确地预测未来某一时间段内的海洋波浪垂直方向运动速度值,这为双浮筒漂浮式波浪发电系统的内模 PID 优化控制奠定了基础。

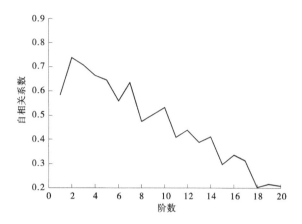

图 6-6　自相关系数

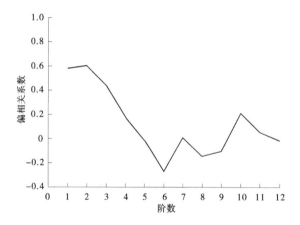

图 6-7　偏相关系数

事实上,通过进一步的仿真计算表明,ARMA 模型的准确性受到预测值数目(也是预测时间长度)的限制。随着预测值数目的增加,AR-MA 模型预测的准确性会逐渐降低。因此,基于 ARMA 模型的双浮筒漂浮式波浪发电系统的优化控制,需要考虑控制系统的响应时间。响应时间越短,越有利于双浮筒漂浮式波浪发电系统的高效运行。

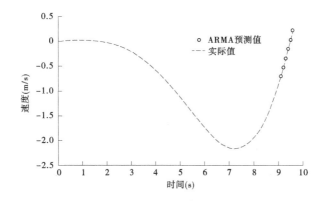

图 6-8　ARMA 模型预测值和实际值

6.3　负载情况下的双浮筒垂直方向运动速度

第 2 章分析了浮筒在空载(不考虑永磁直线发电机的负载力 $\hat{F}_{ul}$)情况下的垂直方向运动速度。本章中,为了完善双浮筒漂浮式波浪发电系统的内模 PID 优化控制理论,需要分析双浮筒在负载情况下的垂直方向运动速度。

基于第 4 章的浮筒吃水深度与垂直方向运动速度的关系,在内浮筒吃水深度达到 8 m 的情况下,可以被认为是静止在海洋波浪中的。所以,外浮筒在负载情况下的垂直方向运动速度也就是双浮筒之间的相对垂直方向运动速度。

负载力 $\hat{F}_{ul}$ 与圆筒型永磁直线发电机 $dq0$ 坐标变换下的绕组电流 $\hat{i}_q$ 有关,其解析表达式的推导过程如下:

(1)Park 变换和 Park 逆变换。根据 Park 变换式

$$\begin{bmatrix} s_d \\ s_q \\ s_0 \end{bmatrix} = \frac{2}{3} \begin{bmatrix} \cos\theta & \cos(\theta - 120°) & \cos(\theta + 120°) \\ -\sin\theta & -\sin(\theta - 120°) & -\sin(\theta + 120°) \\ \dfrac{1}{2} & \dfrac{1}{2} & \dfrac{1}{2} \end{bmatrix} \begin{bmatrix} s_a \\ s_b \\ s_c \end{bmatrix}$$

$$\tag{6-15}$$

求解其逆变换可得

$$
\begin{bmatrix} s_a \\ s_b \\ s_c \end{bmatrix} = \begin{bmatrix} \cos(\theta) & -\sin(\theta) & 1 \\ \cos(\theta - 120°) & -\sin(\theta - 120°) & 1 \\ \cos(\theta + 120°) & -\sin(\theta + 120°) & 1 \end{bmatrix} \begin{bmatrix} s_d \\ s_q \\ s_0 \end{bmatrix} \tag{6-16}
$$

式中:s_d、s_q、s_0 为 $dq0$ 坐标变换下的电磁参数(电压、电流、磁链等);s_a、s_b、s_c 为 abc 坐标变换下的电磁参数(电压、电流、磁链等)。

(2)有功功率输出。圆筒型永磁直线发电机在 abc 坐标变换下输出的有功功率可以描述为

$$
\hat{P}_{ap} = \hat{V}_a \hat{i}_a + \hat{V}_b \hat{i}_b + \hat{V}_c \hat{i}_c \tag{6-17}
$$

式中:$\hat{V}_a$、$\hat{V}_b$、$\hat{V}_c$ 和 $\hat{i}_a$、$\hat{i}_b$、$\hat{i}_c$ 为 abc 坐标变换下的电压和电流。根据式(6-15)和式(6-16),把式(6-17)变换成 $dq0$ 坐标变换下输出的有功功率,其表达式为

$$
\hat{P}_{ap} = \frac{3}{2} (\hat{V}_d \hat{i}_d + \hat{V}_q \hat{i}_q + 2\hat{V}_0 \hat{i}_0) \tag{6-18}
$$

式中:$\hat{V}_d$、$\hat{V}_q$、$\hat{V}_0$ 和 $\hat{i}_d$、$\hat{i}_q$、$\hat{i}_0$ 为 $dq0$ 坐标变换下的电压和电流。

而 $dq0$ 坐标变换下的电压表达式为

$$
\begin{cases} \hat{V}_d = R_s \hat{i}_d + L_s \dfrac{\mathrm{d}\hat{i}_d}{\mathrm{d}t} - \omega_G L_s \hat{i}_q \\[3mm] \hat{V}_q = R_s \hat{i}_q + L_s \dfrac{\mathrm{d}\hat{i}_q}{\mathrm{d}t} + \omega_G L_s \hat{i}_d + \omega_G \psi_G \\[3mm] \hat{V}_0 = R_s \hat{i}_0 + L_s \dfrac{\mathrm{d}\hat{i}_0}{\mathrm{d}t} \end{cases} \tag{6-19}
$$

式中:R_s 为绕组电阻;L_s 为绕组电感;ω_G 为永磁直线发电机的角频率;ψ_G 为永磁体在绕组中产生的磁链。

假设圆筒型永磁直线发电机的三相绕组是三角形连接,那么 abc 坐标变换下的三相矢量电压 $\hat{V}_a$、$\hat{V}_b$、$\hat{V}_c$ 之和为零,并且 $dq0$ 坐标变换下

的零序电压 $\hat{V}_0$ 不存在。因此,圆筒型永磁直线发电机输出的有功功率可以用 q 轴电流 $\hat{i}_q$ 描述为

$$\hat{P}_{ap} = \frac{3}{2}(\hat{V}_d\hat{i}_d + \hat{V}_q\hat{i}_q) = \frac{3}{2}\omega_G\psi_G\hat{i}_q \qquad (6\text{-}20)$$

圆筒型永磁直线发电机的角频率 ω_G 与速度 $\hat{v}_z$(动子与定子之间的相对速度)之间的关系为

$$\hat{v}_z = 2f_G\tau = 2\frac{\omega_G}{2\pi}\tau = \frac{\omega_G}{\pi}\tau \Rightarrow \omega_G = \frac{\pi}{\tau}\hat{v}_z \qquad (6\text{-}21)$$

式中:τ 为永磁体的极距;f_G 为电流频率。

根据双浮筒漂浮式波浪发电系统的结构,圆筒型永磁直线发电机的速度 $\hat{v}_z$ 可以视为外浮筒与内浮筒之间的垂直方向相对运动速度,那么式(6-20)可以进一步描述为

$$\hat{P}_{ap} = \frac{3}{2}\frac{\pi\psi_G}{\tau}\hat{i}_q\hat{v}_z \qquad (6\text{-}22)$$

(3)负载力 $\hat{F}_{ul}$ 的解析表达。根据圆筒型永磁直线发电机输出的有功功率与速度之间的关系($\hat{P}_{ap} = -\hat{F}_{ul}\hat{v}_z$),可以得到发电机的负载力 $\hat{F}_{ul}$ 的表达式为

$$\hat{F}_{ul} = -\frac{3}{2}\frac{\pi\psi_G}{\tau}\hat{i}_q \qquad (6\text{-}23)$$

因此,结合第 2 章和第 4 章的理论公式,外浮筒的垂直方向运动速度表达式可以重新描述为

$$\hat{v}_z = \frac{\rho\iiint\limits_{V_p}\hat{a}_z\mathrm{d}V + \rho g\iint\limits_{S_{wp}}\hat{\eta}_z\mathrm{d}S - \rho k_r\iint\limits_{S}\hat{a}_z\mathrm{d}S + \dfrac{A_{ul}}{2}\mathrm{e}^{\mathrm{i}(2\pi f_1 x + \theta_1)} + \sum\limits_{n=2}^{N}A_{un}\mathrm{e}^{\mathrm{i}(2\pi f_n x + \theta_n)} - \dfrac{3}{2}\dfrac{\pi\psi_G}{\tau}\hat{i}_q}{\mathrm{i}\omega(m_m + m_z) + (R_f + R_z) + \dfrac{S_{wp}}{\mathrm{i}\omega}}$$

$$(6\text{-}24)$$

6.4　内模 PID 控制

PID 控制由比例(Proportion)单元、积分(Integration)单元和微分(Differentiation)单元组成。PID 控制的特点是采用一组恒定的参数(比例系数 P、积分系数 I 和微分系数 D),优化被控系统的运行状态。作为一种最普遍使用的优化控制方法,PID 控制能够解决工业实际生产过程中大部分的优化控制问题。

然而,针对较为复杂的被控系统(例如本书研究的双浮筒漂浮式波浪发电系统),由于被控系统的非线性、外界干扰因素引起的扰动性等特点,使得被控系统的运行存在多变性和不确定性。在这种情况下,采用恒定参数进行 PID 优化控制显得力不从心。

内模控制,主要由被控系统模型、控制器、反馈等环节组成,是美国学者 Garcia 和 Morari 于 1982 年首先提出的一种系统优化控制方法。近年来,基于内模控制原理的多变量输入/输出系统控制和非线性系统控制得到了快速的发展,使得内模控制能够应用到很多领域中。

本章采用内模控制与 PID 控制相结合的方法(简称内模 PID 控制),对双浮筒漂浮式波浪发电系统进行优化控制。把内模控制与 PID 控制相结合,可以通过调整一个参数(滤波系数 ε),实现被控系统的最优化运行,并提高被控系统的抗外界干扰能力,这是传统 PID 控制无法比拟的优点之一。

6.4.1　内模控制原理

内模控制的结构如图 6-9 所示,图中的参数含义为:$R(s)$ 为系统输入信号;$C(s)$ 为反馈控制器;$\hat{D}(s)$ 为反馈信号;$G_{IMC}(s)$ 为内模控制器;$G_p(s)$ 为系统的实际对象;$\hat{G}_p(s)$ 为系统的过程模型;$D(s)$ 为外部添加到系统的干扰信号;$Y(s)$ 为输出信号。

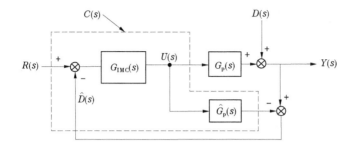

图 6-9　内模控制的结构

根据图 6-9,可得节点信号 $U(s)$ 的表达式为

$$U(s) = [R(s) - \hat{D}(s)] G_{IMC}(s)$$

$$= \{R(s) - [G_p(s) - \hat{G}_p(s)] U(s) - D(s)\} G_{IMC}(s) \quad (6\text{-}25)$$

整理式(6-25)可得

$$U(s) = \frac{[R(s) - D(s)] G_{IMC}(s)}{1 + [G_p(s) - \hat{G}_p(s)] G_{IMC}(s)} \quad (6\text{-}26)$$

由图 6-9 的输出端可得

$$Y(s) = G_p(s) U(s) + D(s) \quad (6\text{-}27)$$

根据式(6-26)和式(6-27),可得输出信号 $Y(s)$ 与输入信号 $R(s)$ 和扰动信号 $D(s)$ 之间的关系式为

$$Y(s) = \frac{G_p(s) G_{IMC}(s)}{1 + [G_p(s) - \hat{G}_p(s)] G_{IMC}(s)} R(s) +$$

$$\frac{1 - G_{IMC}(s) \hat{G}_p(s)}{1 + [G_p(s) - \hat{G}_p(s)] G_{IMC}(s)} D(s) \quad (6\text{-}28)$$

结合式(6-28)的等式右侧,可以把图 6-9 的控制结构做进一步的化简,使控制结构的反馈环节更为直观,如图 6-10 所示。其中,反馈控制器 $C(s)$ 的表达式为

$$C(s) = \frac{G_{IMC}(s)}{1 - G_{IMC}(s) \hat{G}_p(s)} \quad (6\text{-}29)$$

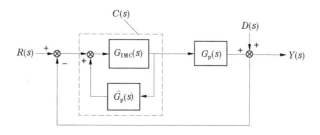

图 6-10　内模控制结构的等效变换

假设被控系统的实际对象和过程模型准确,即 $G_p(s) = \hat{G}_p(s)$;并假设被控系统的过程模型可逆,即 $\hat{G}_p(s)^{-1}$ 存在。下面分析不同状况下的输入信号 $R(s)$ 和扰动信号 $D(s)$ 对于输出信号 $Y(s)$ 的影响:

(1)在没有输入信号 $[R(s) = 0]$ 的情况下,由图 6-9 和式(6-28)可得

$$D(s) = \hat{D}(s) \tag{6-30}$$

$$Y(s) = [1 - G_{IMC}(s) G_p(s)] D(s) = [1 - G_{IMC}(s) \hat{G}_p(s)] D(s) \tag{6-31}$$

令 $G_{IMC}(s) = \hat{G}_p(s)^{-1}$,则可由式(6-29)得输入信号 $R(s) = 0$ 。

因此,不管扰动信号 $D(s)$ 处于何种状态,被控系统的输出信号 $Y(s) \equiv 0$ 。这表明内模控制可以使被控对象具有较强的抗外界干扰能力。

(2)在没有扰动信号 $[D(s) = 0]$ 的情况下,那么令 $G_{IMC}(s) = \hat{G}_p(s)^{-1}$,由图 6-6 和式(6-28)可得

$$\hat{D}(s) = 0 \tag{6-32}$$

$$Y(s) = G_{IMC}(s) G_p(s) R(s) = G_p(s)^{-1} G_p(s) R(s) = R(s) \tag{6-33}$$

这表明内模控制可以使被控对象的输出信号 $Y(s)$ 与输入信号 $R(s)$ 保持良好的一致性。

然而,实际的被控系统不仅有输入信号 $R(s)$,而且有扰动信号

$D(s)$,例如本书涉及的双浮筒漂浮式波浪发电系统。因此,有必要在理想内模控制器 $G_{IMC}(s)$ 的基础上进行进一步的综合设计,也就是通过引入一个基于 PID 调节的滤波器,使被控对象在输入信号 $R(s)$ 和外界干扰信号 $D(s)$ 的同时作用下,具有良好的稳定性和运行效率。

6.4.2 内模 PID 控制器设计

由上述关于浮筒在海洋波浪中的垂直速度分析可得,双浮筒漂浮式波浪发电系统的过程模型 $\hat{G}_p(s)$ 是一个二阶过程,那么该过程模型的内模 PID 控制器设计步骤如下:

(1)假设双浮筒漂浮式波浪发电系统的过程模型 $\hat{G}_p(s)$ 为

$$\hat{G}_p(s) = \frac{K_p}{(T_{1s} + 1)(T_{2s} + 1)} \tag{6-34}$$

(2)将双浮筒漂浮式波浪发电系统的过程模型 $\hat{G}_p(s)$ 分解为

$$\hat{G}_p(s) = \hat{G}_{p+}(s)\hat{G}_{p-}(s) \tag{6-35}$$

式中,可逆部分 $\hat{G}_{p+}(s)$ 是一个全通滤波器,并且

$$|\hat{G}_{p+}(s)| = 1 \qquad \forall s \tag{6-36}$$

由式(6-35)和式(6-36)可得非可逆部分 $\hat{G}_{p-}(s)$

$$\hat{G}_{p-}(s) = \hat{G}_p(s) = \frac{K_p}{(T_{1s} + 1)(T_{2s} + 1)} \tag{6-37}$$

(3)令 $G_{IMC}(s) = \hat{G}_p(s)^{-1}$,并在内模控制器 $G_{IMC}(s)$ 中添加一个二阶低通滤波器 $Q(s) = 1/(\varepsilon s+1)^2$,则内模控制器 $G_{IMC}(s)$ 可以重新描述为

$$G_{IMC}(s) = \hat{G}_{p-}^{-1}(s)Q(s) = \hat{G}_{p-}^{-1}(s)\frac{1}{(\varepsilon s + 1)^2} \tag{6-38}$$

式中:ε 为滤波器的滤波系数。然后,根据式(6-37),内模控制器式(6-38)和反馈控制器式(6-29)可以重新描述为

$$G_{IMC}(s) = \frac{(T_{1s} + 1)(T_{2s} + 1)}{K_p(\varepsilon s + 1)^2} \tag{6-39}$$

$$C(s) = \frac{G_{IMC}(s)}{1 - G_{IMC}(s)\hat{G}_p(s)}$$

$$= \frac{T_1 + T_2}{2K_p\varepsilon}\left(1 + \frac{1}{(T_1 + T_2)s} + \frac{T_1 T_2}{T_1 + T_2}s\right)\frac{1}{\frac{\varepsilon}{2}s + 1}$$

$$= K\left(1 + \frac{1}{T_i s} + T_d s\right)\frac{1}{T_f s + 1} \quad (6\text{-}40)$$

这里,比例系数 $K = \dfrac{T_1 + T_2}{2K_p\varepsilon}$;积分时间常数 $T_i = T_1 + T_2$;微分时间常数 $T_d = \dfrac{T_1 T_2}{T_1 + T_2}$;过滤器系数 $T_f = \dfrac{\varepsilon}{2}$。

注意到式(6-40)的参数 T_1、T_2 和 K_p 是由双浮筒漂浮式波浪发电系统的过程模型 $\hat{G}_p(s)$ 决定的,所以可以认为是已知参数。那么,通过调整滤波器的滤波系数 ε,达到调整参数 K、T_i 和 T_d 的目的,进而改变内模控制器 $G_{IMC}(s)$ 和反馈控制器 $C(s)$,最终实现双浮筒漂浮式波浪发电系统的优化控制。

6.4.3　仿真算例

根据第 5 章双浮筒的结构尺寸(见表 5-1)和海试试验地点波浪特性(见表 4-2),双浮筒漂浮式波浪发电系统的二阶过程模型假设为 $\hat{G}_p(s) = 1/[(2s+1)(3s+1)]$,图 6-11 给出了该二阶过程模型的内模 PID 控制仿真系统(滤波系数 $\varepsilon = 0.01$)。图中,海洋波浪的垂直方向运动速度 $R(s)$ 由函数信号发生器产生,函数信号发生器可以产生规则波(正弦波),也可以产生不规则波(非线性波);内模控制器 $G_{IMC}(s)$ 的参数设置由被控对象的过程模型 $\hat{G}_p(s)$ 和滤波系数 ε 决定;被控系统的扰动信号 $D(s)$ 由函数信号发生器的综合计算产生;输出信号 $Y(s)$ 就是外浮筒和内浮筒之间的垂直方向相对运动速度。

若是外浮筒和内浮筒之间的垂直方向相对运动速度 $Y(s)$ 与海洋波浪的垂直方向运动速度 $R(s)$ 达到一致,也就意味着双浮筒漂浮式波浪发电系统与海洋波浪达到共振,从而使系统处于最优化的运行状态。

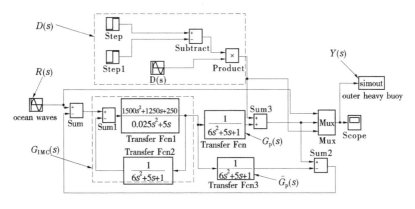

图6-11　内模PID控制仿真系统

安装在内浮筒上端部的圆筒型永磁直线发电机的基本结构如图6-12所示,其主要尺寸如表6-2所示。根据圆筒型永磁直线发电机的结构尺寸,可以通过有限元仿真软件计算其齿槽力 $\hat{F}_{uc}$,并结合式(6-20)或者仿真软件计算其负载力 $\hat{F}_{ul}$ 。

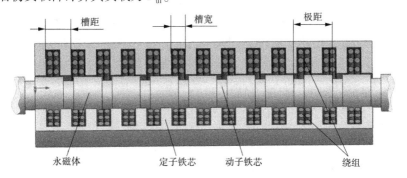

图6-12　圆筒型永磁直线发电机的基本结构

6.4.3.1　规则波浪中的内模PID优化控制

假设海洋表面入射波浪是规则变化的(正弦),图6-13给出了双浮筒漂浮式波浪发电系统在负载情况下的内模PID优化控制结果,海洋表面入射波浪的周期是4 s,波高是0.399 m。

表 6-2　圆筒型永磁直线发电机的主要尺寸

	名称	尺寸(mm)或材料
定子	极距	49
	槽距	32
	槽宽	18
	铁芯材料	DR510-50
动子	永磁体厚度	4
	永磁体宽度	36
	永磁体材料	NdFe35
	铁芯材料	DR510-50
气隙	气隙宽度	2

在滤波系数 $\varepsilon=0.5$ 的情况下,外浮筒和内浮筒之间的垂直方向相对运动速度幅值小于海洋表面入射波的垂直方向运动速度幅值,且其相位滞后;随着滤波系数 ε 的变小,在滤波系数 $\varepsilon=0.01$ 的情况下,外浮筒和内浮筒之间的垂直方向相对运动速度幅值等于海洋表面入射波的垂直方向运动速度幅值,且其相位同步。这表明,调整滤波系数 ε,可以使外浮筒和内浮筒之间的垂直方向相对运动速度与海洋表面入射波的垂直方向运动速度达到共振状态。共振状态是双浮筒漂浮式波浪发电系统的最优化运行状态,能够最大化地把海洋波浪能转换成电能。

事实上,通过仿真计算表明,随着滤波系数 ε 的变小,内模 PID 优化控制的响应时间变短,且其超调量得到大幅度的降低(几乎不存在超调量)。因此,随着滤波系数 ε 的变小,内模 PID 控制系统具有较好的闭环响应。

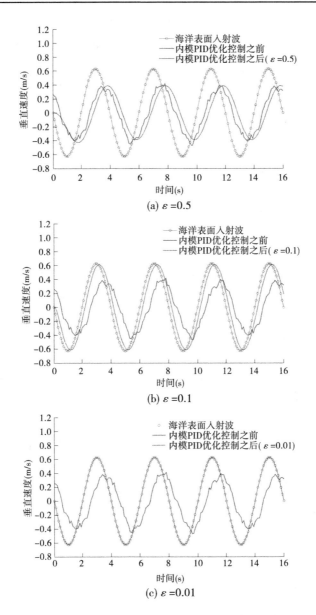

(a) $\varepsilon = 0.5$

(b) $\varepsilon = 0.1$

(c) $\varepsilon = 0.01$

图 6-13 规则波中的双浮筒漂浮式波浪发电系统优化控制结果

　　众所周知,一个物体在受力情况下,并以某一速度进行直线运行的时候,则该物体受到的有功功率是其受力值和运行速度值的乘积。所以,根据上述浮筒受力和运行速度的复数表达式,以及在图 6-13 的内浮筒和外浮筒相对运动速度分析的基础上,可以进行双浮筒漂浮式波浪发电系统吸收波浪能的分析。如图 6-14 所示,是规则波中的双浮筒漂浮式波浪发电系统在规则波浪周期分别为 4 s、6 s 和 8 s 的情况下,吸收的波浪能与波浪波高之间的关系。其中,"IM–PID control method"表示采用了内模 PID 控制算法的波浪能吸收量与波浪波高的关系;"Weight optimization of outer heavy buoy"表示仅仅进行外浮筒尺寸和结构优化的波浪能吸收量与波浪波高的关系;ε 为滤波系数;横坐标"Wave height"表示波高,单位是 m;纵坐标"Absorbed energy"表示吸收波浪能,单位是 kW/s。

　　需要强调的是,图 6-14 表示的仅是双浮筒漂浮式波浪发电系统吸收的波浪能,并不能代表双浮筒漂浮式波浪发电系统输出的电能,因为二者之间有一个能量损耗的量。

6.4.3.2　不规则波浪中的内模 PID 优化控制

　　在大多数情况下,海洋波浪是不规则的,海洋波浪的周期和幅值是经常变化的。因此,非常有必要检验内模 PID 控制在不规则波浪中的优化控制效果。如图 6-15 所示,是双浮筒漂浮式波浪发电系统在不规则波浪中的内模 PID 优化控制结果。分析表明,通过调整内模 PID 控制器的滤波系数 ε,可以使双浮筒漂浮式波浪发电系统在不规则海洋波浪中达到最佳运行状态。

6.4.3.3　内模 PID 控制器的抗干扰性能分析

　　偶尔地,双浮筒漂浮式波浪发电系统会受到外部干扰信号 $D(s)$ 的影响,例如海洋碎波、台风、飓风等。图 6-16 给出了双浮筒漂浮式波浪发电系统在内模 PID 优化控制下的抗干扰性能分析结果(滤波系数 $\varepsilon=0.01$)。其中,图 6-16(a)的干扰信号幅值是 0.5 m/s、周期是 2 s;图 6-16(b)的干扰信号幅值是 1.5 m/s,周期是 5 s;图 6-16(c)的干扰信号幅值是 2.5 m/s,周期是 6 s。

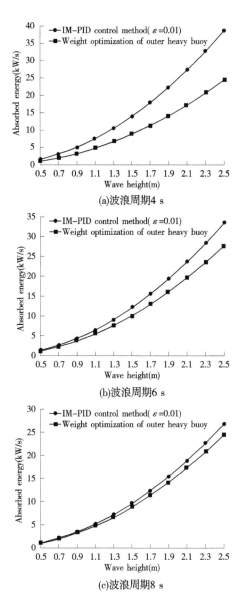

(a)波浪周期4 s

(b)波浪周期6 s

(c)波浪周期8 s

图 6-14　规则波中的双浮筒漂浮式波浪发电系统吸收波浪能的分析

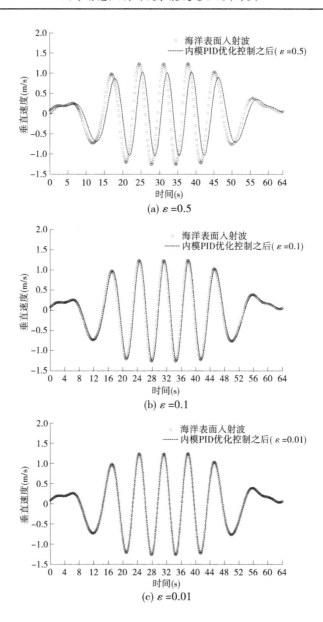

图 6-15　双浮筒漂浮式波浪发电系统在不规则波浪中的 PID 优化控制结果

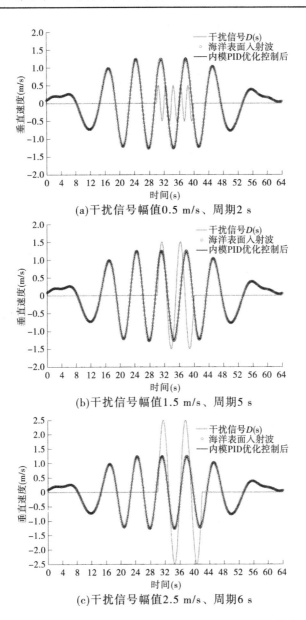

(a)干扰信号幅值0.5 m/s、周期2 s

(b)干扰信号幅值1.5 m/s、周期5 s

(c)干扰信号幅值2.5 m/s、周期6 s

图 6-16　双浮筒漂浮式波浪发电系统在内模 PID 控制下的抗干扰性能分析结果

　　结果表明,从理论上来讲,在不同周期和幅值的干扰信号 $D(s)$ 影响下,内模 PID 控制器具有较好的抗干扰能力,这对于双浮筒漂浮式波浪发电系统的稳定运行起到了良好的保障作用。

　　事实上,在较小周期的干扰信号情况下,例如干扰信号的周期是 1 s,那么内模 PID 控制器的抗干扰性能会降低,尤其是在干扰信号输入的起始时刻。然而,实际的海洋波浪中,无论是海洋碎波,还是台风和飓风,其周期均大于 1 s。针对双浮筒漂浮式波浪发电系统,内模 PID 控制方法的抗干扰性能是可靠的。

　　在真实的海洋环境中,还需要考虑双浮筒漂浮式波浪发电系统结构的坚固性。若是系统结构无法抗击台风、飓风的冲击,所有双浮筒漂浮式波浪发电系统的设计、建造和优化控制均是徒劳的。

　　因此,投放在连云港附近海域的双浮筒漂浮式波浪发电系统,其结构的坚固性还需要较长的海试时间进行检验。

6.5　本章小结

　　本章对海洋波浪垂直方向运动速度的预测和双浮筒漂浮式波浪发电系统的优化控制做了研究。

　　(1)分析了灰色预测法、BP 神经网络预测法、自回归预测法和移动平均预测法的优缺点,并在此基础上采用自回归移动平均模型预测未来某一时间段内的海洋波浪垂直方向运动速度。海洋波浪垂直方向运动速度的预测,为双浮筒漂浮式波浪发电系统的优化控制奠定了良好的基础。

　　(2)着重考虑永磁直线发电机的负载力 $\hat{F}_{ul}$,对负载情况下的双浮筒垂直方向运动速度进行了分析。

　　(3)基于海洋波浪垂直方向运动速度的预测,采用内模 PID 法优化双浮筒漂浮式波浪发电系统负载情况下的运行效率,并做了仿真算例和比较。

　　本章所采用的方法和结论,为双浮筒漂浮式波浪发电系统的优化控制提供了理论意义,也为未来各种海洋波浪发电系统的发展提供了一定的参考价值。

参考文献

[1] 张善文,雷英杰,冯有前. MATLAB 在时间序列分析中的应用[M].西安:西安电子科技大学出版社,2007.

[2] 孙翰墨. 基于 ARMA 模型的风电机组风速预测研究[D].北京:华北电力大学,2011.

[3] 曾波,孟伟,王正新.灰色预测系统建模对象拓展研究[M].北京:科学出版社,2014.

[4] 方应国,王芬.时间序列预测方法综述[J].浙江树人大学学报,2006,6(2):61-65.

[5] 同小军,陈绵云,周龙.关于灰色模型的累加生成效果[J].系统工程理论与实践,2002(11):121-125.

[6] 张德丰. MATLAB 神经网络应用设计[M].北京:机械工业出版社,2009.

[7] 易帆.神经网络预测研究[D].西安:西安交通大学,2005.

[8] 李萍,曾令可,税安泽.基于 MATLAB 的 BP 神经网络预测系统的设计[J].计算机应用与软件,2008,25(4):149-184.

[9] 侯青霞.中国人均 GDP 的函数系数自回归模型的预测研究[D].西安:西安理工大学,2008.

[10] 亓四华,费业泰.应用时间序列移动平均模型预测加工精度的研究[J].计量与测试技术,2002(2):12-13.

[11] 李金叶,冯振华,闫人华.基于修正移动平均模型的调整系数法对我国实际城镇失业率的测算与分析[J].企业经济,2011(10):140-144.

[12] 申瑞娜,樊重俊.基于移动平均-马尔可夫链模型的上海市机场旅客吞吐量预测研究[J].科技与管理,2014,16(5):51-59.

[13] 菲茨杰拉德.电机学[M].6版.刘新正,等译.北京:电子工业出版社,2004.

[14] Boldea I,Nasar S. Linear Electric Actuators and Generators[M]. Cambridge University Press:Cambridge,1997.

[15] Wu F,Zhang X P,Ju P,et al. Modeling and control of AWS-based wave energy conversion system integrated into power grid [J]. IEEE Transactions on Power Systems,2008,23(3):1196-1204.

[16] 刘金琨.先进 PID 控制 MATLAB 仿真[M].3 版.北京:电子工业出版社,2011.

[17] 任士兵. 基于内模原理的控制方法拓展及仿真研究[D]. 北京:北京化工大学,2009.

[18] 赵辉. 基于内模控制原理的 PID 控制器设计[D]. 天津:天津大学,2005.

[19] 常保春,韩宁青,梁伟平. 内模 PID 控制器在电阻加热炉温控系统中的应用[J]. 工业控制与应用,2011,30(7):9-11.

第7章　基于直线发电机的双浮筒漂浮式波浪发电系统优化控制策略

随着波浪发电技术研究的深入和试验测试工程的陆续建设,逐渐发现两个问题:一是由于波浪能的特殊存在形式,很难提高波浪发电系统在自然运行状态下的效率;二是由于极端海洋环境(飓风、台风等),无法保障波浪发电系统在海洋波浪中的安全稳定性。所以,研究波浪发电系统的优化控制技术,提高波浪发电系统的运行效率和安全稳定性,成为波浪发电技术发展过程中亟待解决的难题。

而第6章,只是从理论的角度(双浮筒漂浮式波浪发电系统的浮筒角度),进行波浪发电系统的优化控制理论分析。真正把上述理论技术应用到工程实践中,还有很多的细节和难题需要完成。本章在理论技术基础上,进行基于直线发电机的双浮筒漂浮式波浪发电系统优化控制策略研究。

针对这一难题,正如上一章节所述,部分国内外学者采用浮筒优化控制方法,开展了广泛而深入的研究。鉴于海洋中的波浪周期和波幅是时刻变化的,并且波浪的运动速度也是非线性的,采用浮筒优化控制方法,不仅增加了系统结构的复杂性,还需要大容量的电源设备和大功率电力电子器件(波浪发电系统的水平面积越大,受到的波浪力越大,进而需要控制系统输出较大的力,才能实现波浪发电系统的优化控制)。此外,也有部分学者基于效率性、经济性、稳定性和结构复杂性等多重考虑,采用发电机优化控制方法,提高波浪发电系统的运行效率和安全稳定性。发电机优化控制方法,具有响应速度快、带载能力强和稳定性高的特点。特别地,与浮筒优化控制方法相比,发电机优化控制方法中的发电机,不仅是波浪发电系统中的固有设备,也是控制过程的执行单元。因此,采用发电机优化控制方法,不仅降低了波浪发电系统的经济投入,也简化了系统结构的组成。

本章拟在前期研究成果的基础上,开展基于改进型直线发电机的双浮筒漂浮式波浪发电系统动态优化控制研究,本章的主要内容如图7-1 所示。

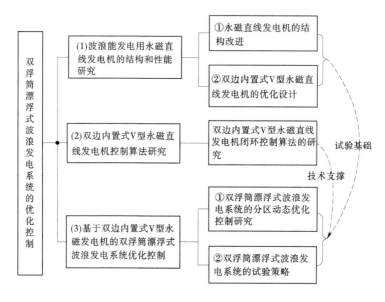

图 7-1　本章主要内容

研究基于发电机的波浪发电系统优化控制策略,旨在提高双浮筒漂浮式波浪发电系统在海洋波浪中的运行效率和安全稳定性,从而为未来的双浮筒漂浮式波浪发电系统硬件设备搭建、实际海洋环境中测试、效率分析和安全稳定性分析奠定基础。也可以为波浪发电系统的高效率运行及保障其在海洋环境中的安全稳定性提供重要的理论和技术支持。

7.1　双边内置式 V 型永磁直线发电机的设计

发电机作为一种能量转换设备,是双浮筒漂浮式波浪发电系统的核心单元。波浪发电系统中,常见的永磁直线发电机问题包括体积庞大、功率密度和效率低等。我们在前期研究工作的基础上,并借鉴近年

来新兴的电动汽车用永磁电机结构,对永磁直线发电机的结构进行了
改进,提出一种改进型永磁直线发电机——安装有加强筋和磁桥的双
边内置式 V 型永磁直线发电机。并通过仿真建模和优化设计,设计一
台额定容量为 1 kW 的样机,为双浮筒漂浮式波浪发电系统的动态优
化控制奠定试验基础。

如图 7-2 所示,是安装有加强筋和磁桥的双边内置式 V 型永磁直
线发电机的结构。图 7-2 中,动子铁芯的边端齿槽结构,不仅可以起到
降低发电机齿槽力幅值的作用,也可以降低绕组感应电动势的谐波分
量;适当尺寸的加强筋和磁桥宽度,以及永磁体呈 V 型分布,可以优化
电机的磁场分布,从而有利于发电机的动态控制;机械结构的改进,例
如选择恰当尺寸的加强筋和磁桥宽度、降低气隙磁场宽度、采用叠片式
的动子铁芯和定子铁芯,以及合理调整动子铁芯的边端齿槽结构尺寸
等,可以实现双边内置式 V 型永磁直线发电机磁路结构的优化。

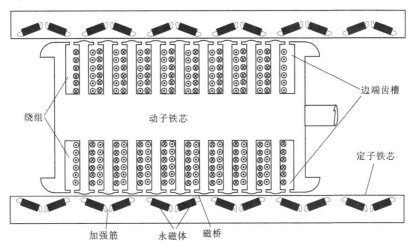

图 7-2 双边内置式 V 型永磁直线发电机的结构

在综合考虑加强筋和磁桥的尺寸、定子铁芯和动子铁芯的冲片厚
度、永磁体安装的 V 型角度的基础上,并结合直线发电机的边端效应
和气隙磁场宽度等因素,建立 1 kW 双边内置式 V 型永磁直线发电机
的仿真模型。仿真模型由二维模型和三维模型组成;二维模型是对发

电机的电磁力、气隙磁场分布、感应电动势、谐波特性、齿槽力特性、铁耗、铜耗、功率因数等数据进行分析和优化;三维模型是对发电机的温度场、温升等数据进行计算。根据电磁参数的分析结果,适当调整永磁体呈 V 型分布的角度、磁桥和加强筋的宽度、边端齿槽的结构尺寸、气隙磁场宽度等结构参数,进行 1 kW 双边内置式 V 型永磁直线发电机性能的优化设计。1 kW 双边内置式 V 型永磁直线发电机的结构优化技术路线如图 7-3 所示。

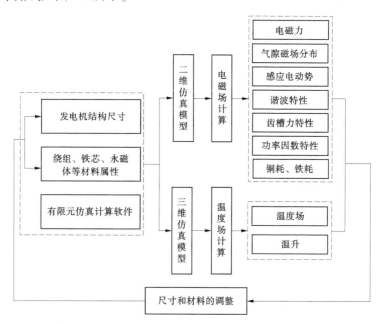

图 7-3　1 kW 双边内置式 V 型永磁直线发电机的结构优化技术路线

后续的样机加工和组装可以采用模块化的方式,具体是:定子铁芯和动子铁芯采用叠片式,可以委托有资质的厂家,依据尺寸结构进行精准冲压成型;依据永磁体的尺寸和充磁方向要求,委托有资质的厂家完成尺寸加工和充磁;把冲压成型的定子铁芯叠片、动子铁芯叠片和永磁体进行组装,并利用直线电机绕线机,完成动子线圈的绕制,以及其他组装工序。

7.2　双边内置式 V 型永磁直线发电机的控制

与诸多其他应用领域不同,在波浪力的作用下,波浪发电系统中的发电机运行速度是时刻变化和非线性的,并且其运行方向也会随着波浪的波峰和波谷而改变。

根据波浪发电系统用双边内置式 V 型永磁直线发电机的速度和方向特性,本章拟采用二阶纯滞后过程的二自由度内模 PID 控制算法,并在速度反馈、位移反馈和电流反馈的三闭环控制基础上,实现双边内置式 V 型永磁直线发电机运行速度的动态控制,为双浮筒漂浮式波浪发电系统的动态优化控制提供技术支撑。具体研究方案分为以下 3 个步骤:

(1)建立双边内置式 V 型永磁直线发电机运行速度的二阶非线性方程,并充分考虑该发电机的相邻历史运行速度(滞后性),为双边内置式 V 型永磁直线发电机未来运行速度的控制奠定基础。

(2)建立内模 PID 控制算法的控制器和滤波器(二自由度)。首先,根据双边内置式 V 型永磁直线发电机的干扰抑制特性和鲁棒性,确定控制器的可调参数取值;然后,根据目标值(运行速度)跟踪特性的要求,确定滤波器的可调参数取值;最后,通过动态地选择控制器和滤波器的可调参数,使双边内置式 V 型永磁直线发电机的动态运行速度具有良好的目标值跟踪特性、干扰抑制特性和鲁棒性。

(3)加工制作基于二阶纯滞后过程的二自由度内模 PID 控制电路、保护电路、稳压电路,以及其他外围电路等,从实践的角度,对波浪发电用双边内置式 V 型永磁直线发电机的运行性能进行测试分析和研究。

双边内置式 V 型永磁直线发电机的控制技术路线如图 7-4 所示,具体过程如下:

(1)利用速度传感器、位移传感器和电流互感器,获得双边内置式 V 型永磁直线发电机的运行速度 v_t、位移 y 和相电流值 i_A、i_B、i_C。

(2)通过派克变换和克拉克变换,把相电流值 i_A、i_B、i_C 变换成 d 轴电流 i_d 和 q 轴电流 i_q;通过发电机的运行速度 v_t 和双浮筒波浪发电系

统所需的阻尼系数 B_{pto}，计算得到另一个 q 轴电流 $i_q^* = -(B_{pto}v_t)/[3\pi\psi_{PM}/(2\tau_p)]$（设定 d 轴电流 $i_d^* = 0$）。式中，ψ_{PM} 是磁链，τ_p 为永磁体轴向长度。

（3）把 d 轴电流的差值（$i_d^* - i_d = i_{dc}$）和 q 轴电流的差值（$i_q^* - i_q = i_{qc}$）送到二阶纯滞后过程的二自由度内模 PID 控制器中，经过算法处理和 $2s/2r$ 变换，向空间矢量脉宽调制器（SVPWM）输入两相静止坐标系下的电压 V_α 和 V_β。

（4）通过 SVPWM 和电压源逆变器，调整双边内置式 V 型永磁直线发电机输出的电磁力 $F_{pto} = -[3\pi\psi_{PM}(i_{dc} + i_{qc})]/(2\tau)$。式中，$\tau$ 为电机的极距。由过程（2）、（3）和（4），可以通过 B_{pto} 调整发电机输出电磁力 F_{pto} 的幅值。电磁力 F_{pto} 是动态优化控制双浮筒漂浮式波浪发电系统运行过程的关键参数。

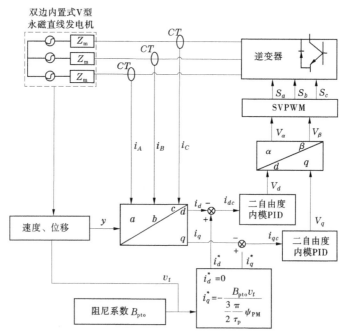

图 7-4　双边内置式 V 型永磁直线发电机的控制技术路线

图 7-4 中,二阶纯滞后过程的二自由度内模 PID 控制算法实施步骤具体如下:

(1)利用二阶非线性方程和相邻历史数据(d 轴电流 i_{dc} 和 q 轴电流 i_{qc}),建立双边内置式 V 型永磁直线发电机控制电流的二阶纯滞后过程模型。

(2)建立内模 PID 控制算法的二自由度(控制器和滤波器)。

(3)根据双边内置式 V 型永磁直线发电机的干扰抑制特性和鲁棒性要求,确定控制器的可调参数取值。

(4)根据目标值(运行速度)跟踪特性的要求,确定滤波器的可调参数取值。

(5)输出双边内置式 V 型永磁直线发电机的 d 轴电压 V_d 和 q 轴电压 V_q。

7.3　双浮筒漂浮式波浪发电系统动态优化控制

根据波浪运动理论和机械振动学,在非规则波浪的海洋环境中,双浮筒漂浮式波浪发电系统受到波浪力作用后,其受到的波浪力与运行速度之间存在相位差,这必然降低系统装置的运行效率。此外,在恶劣的海洋环境下(飓风、台风等),非常有必要采用控制技术,保障双浮筒漂浮式波浪发电系统的效率性和安全稳定性。

本节拟在双边内置式 V 型永磁直线发电机的基础上,开展双浮筒漂浮式波浪发电系统的动态优化控制策略研究,目的是提高系统装置的运行效率和安全稳定性。进一步地,可以进行海试试验的初步规划,为下一步的海试试验执行奠定基础。

(1)双浮筒漂浮式波浪发电系统的分区动态优化控制研究。首先,在双浮筒漂浮式波浪发电系统受到波浪力的情况下,研究如何动态调整双边内置式 V 型永磁直线发电机输出的电磁力,使发电装置综合受力与运行速度的相位差为零,从而提高双浮筒漂浮式波浪发电系统的运行效率;其次,在恶劣的海洋环境中(台风、飓风等),研究如何通过控制双边内置式 V 型永磁直线发电机,锁存双浮筒漂浮式波浪发电系统,保障系统装置不被破坏,最终保障该发电系统的安全稳定性。

（2）双浮筒漂浮式波浪发电系统的海试试验。对双浮筒漂浮式波浪发电系统的海试试验步骤和执行过程进行初步规划。

双浮筒漂浮式波浪发电系统的动态优化控制策略,是建立在波浪发电系统结构和双边内置式 V 型永磁直线发电机基础上的。

图 7-5(a)所示是双浮筒漂浮式波浪发电系统的整体结构,外浮筒套在内浮筒的上端部,二者通过三脚架连接。图 7-5(b)所示,是双边内置式 V 型永磁直线发电机的安装位置。根据波浪运动特性,浮筒的吃水深度越深,浮筒受到的激振力 F_{exc}（垂直方向波浪力）越小,从而导致其在垂直方向的运动幅值越小。因此,在不同吃水深度和激振力 F_{exc} 的作用下,图 7-5(a)的外浮筒与内浮筒间会产生相对运动速度 v_t,从而驱动安装在内浮筒上端部的直线发电机把波浪能转换成电能。图 7-5(b)中,L 是内浮筒和外浮筒间的最大相对运动行程。可以拟根据波浪环境,合理设计内浮筒的吃水深度,使内浮筒受到的波浪力较小,并在阻尼盘的作用下,使内浮筒基本处于静止状态。

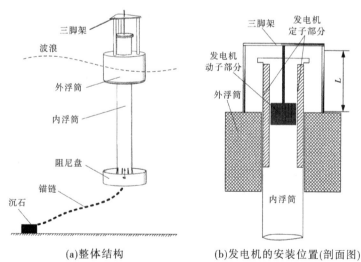

(a)整体结构　　　　　(b)发电机的安装位置(剖面图)

图 7-5　双浮筒漂浮式波浪发电系统

　　因为海洋波浪的运动频率(周期)是变化的,而外浮筒的固有频率是恒定的,则二者之间的频率将会处于共振或非共振两种状态。那么,在非共振状态,根据机械振动理论,外浮筒受到的激振力 F_{exc} 与相对运动速度 v_t 之间,必然存在相位差,这就降低了双浮筒漂浮式波浪发电系统的运行效率。鉴于此,本章拟引入阻尼系数这一概念,通过不同的阻尼系数,调整发电机输出的电磁力 F_{pto},从而使外浮筒受到的合力 F_{total}(激振力、电磁力等)与相对速度 v_t 之间达到共振,最终提高双浮筒漂浮式波浪发电系统的运行效率。

　　特别是,在恶劣的海洋环境中(飓风、台风等),由于海洋波浪的波高较大,双浮筒漂浮式波浪发电系统的运动行程将会超过最大行程 L,这就有可能损坏整个发电装置的系统结构。为了保障系统装置在恶劣海洋波浪中的安全稳定性,本次拟采用最大阻尼系数,使双边内置式 V 型永磁直线发电机输出最大的电磁力 F_{pto},驱动电磁锁的电源开关,从而实现对双浮筒漂浮式波浪发电系统的锁存控制(系统装置停止运行)。

　　双浮筒漂浮式波浪发电系统的动态优化控制技术路线如图 7-6 所示。

　　图 7-7 为双浮筒漂浮式波浪发电系统的锁存机构。如图 7-7(a)所示,该锁存机构由 4 个电磁锁组成,并在内浮筒和外浮筒之间呈对称分布。如图 7-7(b)所示,电磁锁主要包括半圆槽形衔铁、半圆头形电磁铁、线圈和弹簧。其中,线圈、半圆头形电磁铁和弹簧安装在内浮筒上,半圆槽形衔铁安装在外浮筒上。电磁锁的工作原理是:最大阻尼系数→最大电磁力 F_{pto}→开关回路闭合→电磁锁的线圈流过电流→产生电磁效应→半圆头形电磁铁与半圆槽形衔铁吸合→外浮筒与内浮筒之间的相对运动停止→双浮筒漂浮式波浪发电系统完成锁存(停止工作)。相反地,可以通过人工遥控的方式,解除电磁锁的线圈闭合回路,使线圈失去电磁效应,半圆头形电磁铁在弹簧的拉力作用下,完成外浮筒与内浮筒之间的解锁控制,使双浮筒漂浮式波浪发电系统继续正常运行。

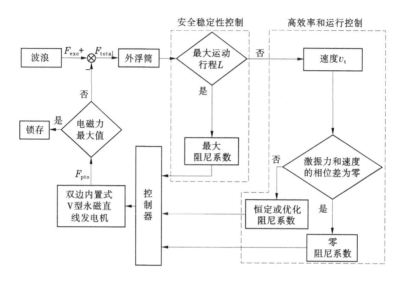

图 7-6　双浮筒漂浮式波浪发电系统的动态优化控制技术路线

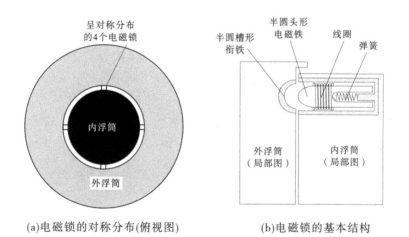

(a)电磁锁的对称分布(俯视图)　　　　　(b)电磁锁的基本结构

图 7-7　双浮筒漂浮式波浪发电系统的锁存机构

7.4 双浮筒漂浮式波浪发电系统的海试试验规划

在海洋波浪中,外浮筒受到的激振力 F_{exc} 与相对运动速度 v_t 之间的相位关系,可以分为滞后、超前和相等 3 种情况。本节根据外浮筒激振力 F_{exc} 与相对运动速度 v_t 之间的相位关系,以及系统装置的安全稳定性,采用 4 种方法进行双浮筒漂浮式波浪发电系统动态优化控制的海试试验规划设计,具体过程如下:

(1)外浮筒激振力 F_{exc} 的相位滞后速度 v_t,如图 7-8(a)所示。在 T_1 和 T_3 区域采用恒定阻尼系数 B_{pto1} 测试,在 T_2 和 T_4 区域采用优化阻尼系数 B_{pto2} 测试。

(2)外浮筒激振力 F_{exc} 的相位超前速度 v_t,如图 7-8(b)所示。在 T_1 和 T_3 区域采用恒定阻尼系数 B_{pto1} 测试,在 T_2 和 T_4 区域采用优化阻尼系数 B_{pto2} 测试。

(3)外浮筒激振力 F_{exc} 的相位与速度 v_t 相等,如图 7-8(c)所示。在整个波浪周期内采用零阻尼系数 B_{pto3} 测试。

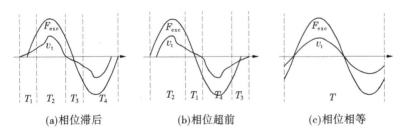

(a)相位滞后　　　　(b)相位超前　　　　(c)相位相等

图 7-8　相位分析和区域划分

(4)在恶劣的海洋环境中(飓风、台风等),采用最大阻尼系数 B_{pto4} 对双浮筒漂浮式波浪发电系统进行锁存控制,使系统装置停止运行。最大阻尼系数 B_{pto4} 的值由发电机和控制器的最大安全电流确定。

通过海试试验,合理地划分区域 T_1、T_2、T_3 和 T_4,为更好地实施分区域优化控制策略提供参考。最后,分析双浮筒漂浮式波浪发电系统在运行过程中的效率和安全稳定性,并进行整体系统的综合评估。

双浮筒漂浮式波浪发电系统的海试试验技术路线如图 7-9 所示。

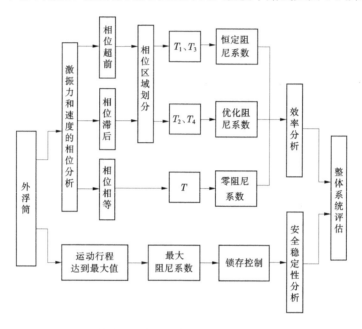

图 7-9　双浮筒漂浮式波浪发电系统的海试试验技术路线

上述关于双边内置式 V 型永磁直线发电机的设计、加工和控制,以及对于双浮筒漂浮式波浪发电系统的动态优化控制和试验是可行的。原因是:本章提出的双边内置式 V 型永磁直线发电机结构设计,建立在 Halbach 充磁直线发电机和电动汽车用永磁电机之上;提出的双浮筒波浪发电系统,建立在波浪运动学、机械振动学,以及相关科研实践积累之上;提出的优化控制方法,建立在电力电子器件、电机电器、海洋波浪力学,以及自动控制等理论之上;双边内置式 V 型永磁直线发电机的仿真计算和性能优化,可以采用电磁仿真和分析软件完成。另外,在现有控制芯片技术和机械精加工技术的基础上,双边内置式 V 型永磁直线发电机的控制器选取和搭建,双浮筒漂浮式波浪发电系统的结构加工和试验测试,是完全可以进行实践实施的。

7.5 其他波浪发电用发电机的设计和研究

7.5.1 双边 V 型永磁记忆直线发电机

本节介绍另外一种波浪发电用永磁直线发电机——双边 V 型永磁记忆直线发电机,其结构和设计理念来源于第 6 章的双边内置式 V 型永磁直线发电机和永磁体充磁/去磁原理。双边 V 型永磁记忆直线发电机的结构如图 7-10 所示。

图 7-10 中,动子铁芯的边端齿槽,可以减小发电机的齿槽力和感应电动势谐波分量;励磁永磁体 NdFeB(呈 V 型分布)和隔磁磁桥,可以优化发电机的磁场;调磁永磁体 AlNiCo,可以实现发电机的在线调磁功能。在线调磁原理是:采用直线发电机的 d 轴脉冲电流,进行 AlNiCo 的轴向磁化(增磁或去磁),从而改变动子和定子之间的磁场交互量。由于调磁之后的 AlNiCo 具有磁记忆功能,所以本节研究的直线发电机属于"记忆"电机。

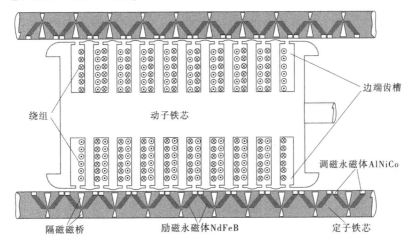

图 7-10 双边 V 型永磁记忆直线发电机的结构

恰当地控制发电机的 d 轴脉冲电流幅值,可以避免励磁永磁体

NdFeB 去磁现象的发生。

　　图 7-11 是双边 V 型永磁记忆直线发电机的结构优化技术路线。针对双边 V 型永磁记忆直线发电机的磁场分布特点,采用 Ansoft 等有限元仿真分析和计算软件,分析电磁特性、齿槽力特性、损耗和调磁特性(基于二维和三维有限元模型)。适当调整励磁永磁体 NdFeB 呈 V 型分布的角度、调磁永磁体 AlNiCo 尺寸、隔磁磁桥尺寸、绕组匝数、边端齿槽结构等,进行双边 V 型永磁记忆直线发电机性能的优化设计。另外,研究双边 V 型永磁记忆直线发电机在不同运行速度和负载情况下的温升情况,分析其运行过程中的热稳定性。最终通过结构优化等手段,降低齿槽力、磁通和电动势的谐波分量,以及提高双边 V 型永磁记忆直线发电机的运行效率和功率因数。

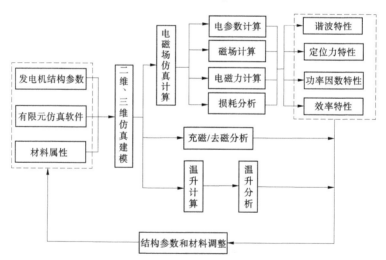

图 7-11　双边 V 型永磁记忆直线发电机的结构优化技术路线

7.5.2　磁齿轮直线发电机

　　磁齿轮技术,一般是为了实现低速与高速间的转换,在旋转运行机构中得到了应用。尤其在风力发电中,基于磁齿轮技术的旋转发电机实现了风力发电的低速大转矩直接驱动,该技术得到了广泛应用。近年来,部分学者对其在波浪发电系统的应用开展了初步研究。例如,采用低速和高速直线电机,并通过直线磁齿轮连接在一起,直线发电机的运行速度可以提高 4 倍,其功率密度大约提高了 14 倍。并且,通过理论分析和试验测试,其结果表明磁齿轮直线电机的推力波动不大,可以推广应用。

因此,采用磁齿轮技术可以实现波浪发电系统的能量传递,改善了波浪发电系统功率密度低下、电磁力波动大的缺点。

图 7-12 是磁齿轮直线发电机应用于波浪发电系统的技术路线。目前,由于机械精加工技术、磁齿轮的磁材料稳定性等因素,磁齿轮直线发电机的研究还处于理论阶段和实验室测试阶段。

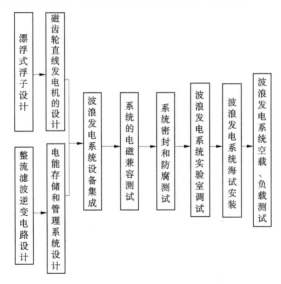

图 7-12 磁齿轮直线发电机应用于波浪发电系统的技术路线

7.5.3 超导电机

超导电机是超导技术的重要应用之一,也是未来大型电机的发展方向。目前,在汽轮发电机、风力发电机、船舶推进电机中均有应用。超导电机的研发多用于磁悬浮列车和电磁发射装置中。与普通电机相比,超导电机增加了电机的有效磁密,具有体积小、重量轻的优点;其绕组内没有损耗,即使增加了制冷消耗和电枢绕组的附加损耗,总损耗仍远小于普通电机。因此,自超导材料被发现以来,它一直是研究的热点。目前,低温制冷技术已经相当成熟,可靠性好、效率高、成本大幅度降低、体积和重量也大幅减小。新一代超导材料的制造工艺日趋成熟,使得其载流量、工作温度及缠绕性能均得到提高。因此,超导电机逐渐进入实用化阶段。

波浪发电作为一种新兴技术发展较晚,目前对直驱式波浪发电中的超导电机研究较少,仅部分学者开展了超导单极电机和双凸极电机的应用研究,未见其他超导直线电机的报道。

直驱式风力发电与直驱式波浪发电具有很多的共同点,直驱式风力发电中超导电机的研究具有一定的参考价值。由于传统风力涡轮机的制造上限是 5~6 MW,而采用超导电机可进一步提高风力发电机的容量,因此超导直驱式风力发电机得到了广泛的关注。国内中科院电工所、中船重工 712 所、哈尔滨工业大学、清华大学、北京交通大学、西南交通大学等科研院所和高校从不同应用领域相继开展了超导电机的研究工作,均取得了一定的成果。

从所研究的超导电机结构类型来讲,目前多为超导同步电机,采用转子超导磁体结构,因此其冷却机构较为复杂。随着定子永磁型电机的发展,部分学者开展了定子超导磁体电机的研究工作。定子超导磁体电机,其电枢和超导磁体均位于定子上,旋转部分的转子上既没有电枢也没有磁体,因此其冷却机构设计较为简便,利于实用化。从超导材料的应用位置来讲,目前的定子超导磁体电机和超导同步电机多为部分超导型电机,即采用超导材料作为场绕组,电枢绕组仍为铜线。而全超导型电机的电枢绕组和场绕组均为超导材料。很显然,全超导型电机的功率密度和效率远高于部分超导型电机。同等功率等级的电机,全超导型电机体积不到部分超导型电机的一半。尽管如此,部分超导型电机仍占据很大市场份额,这是由于全超导型电机面临以下两个重要问题:

(1)电枢绕组存在较大的交流损耗。由于交流损耗将造成温度上升,影响热稳定性,进而可能引起失超现象。

（2）低温冷却机构十分复杂。由于一般的同步电机的电枢和绕组分别位于定子和转子上,因此需要定子和转子同时冷却,而转子的旋转运动使得冷却系统设计较为复杂。

近年来,随着二硼化镁（MgB_2）超导型材料的应用,电枢的交流损耗问题得到了解决,采用 MgB_2 材料的全超导型电机得到了广泛的关注,主要是由于 MgB_2 超导材料具有以下优点:

（1）MgB_2 超导材料在 $15\sim30$ K 温区具有很小的交流损耗,在铜基超导线 0.5 mm 半径的线材中,电流密度为 100 A/mm^2,其交流损耗大约为 7 MW/m,完全可以满足一般超导型电机要求。而且,当采用多芯结构和减小基底半径时,其交流损耗可进一步减小。

（2）MgB_2 超导材料具有比重小、易制备、易绕制等优点,可以被液氢燃料冷却到 20 K 工作,既克服了常规低温超导材料制备困难、价格昂贵的缺点,又克服了对液氦的依赖,可方便地使用小型制冷机获得。同时,MgB_2 超导材料具有各向异性很小的特性,可根据电机设计要求制备成所需要的形状。

因此,使用 MgB_2 材料的全超导型电机从技术上完全可行,加工和运行成本很低,具有实际应用的可能性。然而与其他超导材料相比,MgB_2 材料存在工作磁场相对较小的缺点。为克服这一缺点,部分学者采用 MgB_2 材料作为电枢绕组,YBCO 材料作为场绕组,研发了混合全超导型电机。但是,为了满足两种不同超导材料同时工作,其电机结构和制冷系统均较复杂,加工和运行成本也很高。

目前,磁通切换电机成为谢菲尔德大学、香港大学、浙江大学、哈尔滨工业大学、南京航空航天大学、东南大学等国内外机构研究的热点方向之一,并在直驱式风力发电和直驱式波浪发电中得到应用。东南大学的相关科研团队,结合磁通切换电机等初级永磁直线电机的研究基础,并基于 MgB_2 超导材料,提出一种结构简单的全超导圆筒型初级励磁直线发电机（见图 7-13）。

全超导初级励磁型直线发电机具有以下优点:

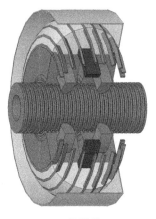

(a)三维结构

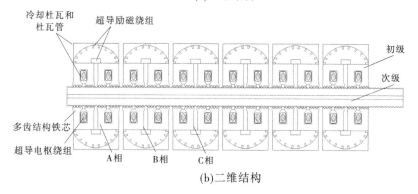

(b)二维结构

图 7-13 全超导圆筒型初级励磁直线发电机结构

(1)励磁绕组为 MgB_2 超导线材,其气隙磁通密度得到提高,从而增大功率密度。同时,可实现磁场调节,降低器件的电压工作压力,增大功率调节范围,进而增强对波浪能最大功率的跟随能力。

(2)电枢绕组采用 MgB_2 超导线材,不仅消除了电枢损耗、增大了发电效率,而且可减小槽宽、增大初级和次级间的有效磁通面积,同时可降低电枢绕组电抗,提高功率因数。

(3)电机冷却结构简单。励磁绕组和电枢绕组均位于定子部分的初级,其冷却系统不需要运动,其复杂程度大大降低。选用 MgB_2 超导材料可用液氢制冷,降低了制冷机的要求。

(4)结合 MgB_2 超导材料相对低场强(1T~3T)的特点,采用了有铁芯的初级结构。MgB_2 超导材料虽然交流损耗很小,但其场强相对较小。采用有铁芯结构,既满足了 MgB_2 低场强特点,又可通过铁芯引导磁路,有利于结构设计,同时避免了多种超导材料混合的复杂性,利于实现。

(5)采用圆筒型结构,既可适应不同波浪来波方向,又可消除横向端部效应,同时可消除初级吸力;采用饼型集中绕组,避免了绕组跨接,节省绕组材料;采用多齿结构,可增加磁场变换率,从而增大有效电压,弥补低速时输出电压不高的缺点。

(6)完全采用模块化结构,模块间完全机械结构和冷却单元独立。可分别独立冷却,降低了冷却难度,而且有利于安装和运输。同时,具有容错性能,当单相或单一模块发生故障时,可进行故障下的容错运行。将其应用于直驱式波浪发电系统中,可达到在低速驱动和大气隙要求下,提高电机功率密度和效率、减小电机体积和重量的效果。

7.5.4　旋转型永磁记忆电机

在某些波浪发电系统中,有的学者或专家倾向于采用旋转发电机作为波浪发电系统的能量转换单元。虽然旋转发电机增加了波浪能转换成电能的传递环节,但其具有体积小、结构设计和加工技术成熟的优点,也可以供一些研究波浪发电技术的学者们参考。

本节阐述一种带有磁通记忆功能的旋转型发电机(永磁磁通记忆电机)。所谓永磁磁通记忆电机,其实质就是一种新型结构的磁通切换型电机。永磁磁通记忆电机可以通过在线充磁/去磁绕组的脉冲电流,实现电机内永磁体矫顽力(磁化水平)的调整,从而改变电机的气隙磁场强度,进而实现电机运行过程中的速度和输出转矩的调整。

在永磁磁通记忆电机的结构中,其永磁体主要由两种类型构成:一种是高矫顽力的永磁体,另一种是低矫顽力的永磁体。其中,低矫顽力的永磁体磁感应强度是可调的。图7-14(a)是永磁磁通记忆电机的剖面结构示意图,其与普通永磁同步电机的主要区别是在定子铁芯的外部安装了具有低矫顽力的永磁体(例如铝钴镍)和充磁/去磁绕组。

　　图 7-14(b)是低矫顽力永磁体(例如铝钴镍)的去磁过程,该去磁过程主要在磁滞曲线的第二象限内完成。通过对充磁/去磁绕组施加一个负向的去磁脉冲电流后,铝钴镍的永磁工作点将由 P_0 点沿着去磁轨迹和回复线移至新的工作点 P_1。假如继续施加更大幅值的去磁脉冲电流,则铝钴镍的永磁工作点将会移至新的工作点 P_2 或 P_3(由去磁脉冲电流的幅值决定)。低矫顽力永磁体充磁过程的原理与去磁过程类似,只是其主要在磁滞曲线的第一象限内完成的。

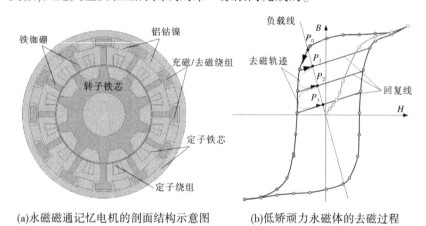

(a)永磁磁通记忆电机的剖面结构示意图　　　　(b)低矫顽力永磁体的去磁过程

图 7-14　永磁磁通记忆电机的运行机制

　　如图 7-15 所示,是通过仿真软件计算得到的永磁磁通记忆电机在低矫顽力永磁体(铝钴镍)去磁和增磁情况下的磁通分布概况。在去磁情况下,转子部分和定子部分之间的气隙磁场强度较弱;在增磁情况下,转子部分和定子部分之间的气隙磁场强度较强。根据永磁同步电机的工作原理,转子部分和定子部分之间的气隙磁场强度,将直接决定电机的运行速度、转矩幅值和过载能力等性能参数。因此,永磁磁通记忆电机具有可变磁通的功能,并且该功能的实现较为简单,只需要向充磁/去磁绕组通入瞬间的脉冲电流即可。

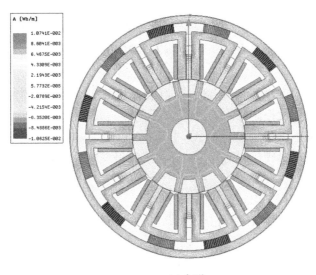

(a)去磁

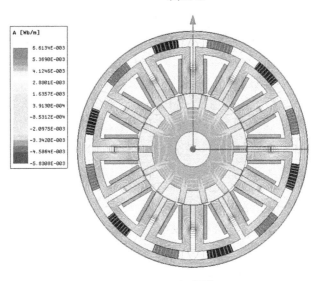

(b)充磁

图 7-15 永磁磁通记忆电机的磁通分布

7.6　其他双浮筒漂浮式波浪发电系统的优化控制策略

本章结束之前,再介绍一种基于流量阀控制的双浮筒漂浮式波浪发电系统优化控制策略。图 7-16 是基于流量阀控制的双浮筒漂浮式波浪发电系统结构图。

基于流量阀控制的双浮筒漂浮式波浪发电系统结构主要包括以下几个部分:

(1)浮筒机构包括外浮筒和内浮筒。其中,内浮筒为圆柱体,外浮筒为圆环体,且圆柱体的直径与圆环体的内径相适配,外浮筒套设在内浮筒外。

(2)在内浮筒上端部和中间位置设置有限位块,目的是限制外浮筒与内浮筒之间的相对运动幅值,保障波浪发电装置的结构安全。

(3)在外浮筒中,设置一个同轴环形的水位调节舱,该水位调节舱上端部设置有注/抽水管,目的是根据海洋波浪的波高,调整外浮筒的吃水深度。

(4)永磁直线电机机构包括发电机定子和发电机动子。其中,发电机定子为柱形腔体结构,发电机动子的横截面与柱形腔体的横截面相适配,发电机动子安装在发电机定子内;发电机动子采用的永磁体可以是钕铁硼,以达到降低设备成本的目的。

(5)活塞机构包括缸体、活塞环和输出轴。其中,活塞环安装在缸体内,并将缸体内部分成上、下两个腔体;输出轴的下端部与活塞环固定,输出轴的上端部与支撑架固定。

(6)缸体的下腔体端口与发电机定子部分的上端口密封连通;发电机定子部分的下端口通过高压管道与缸体的上腔体密封连通。并且在高压管道上设置有自动流量控制阀。

(7)其他辅助的装置包括海底沉石和锚链。其中,海底沉石通过锚链与内浮筒连接。一般来说,海底沉石安装模式有两种:第一种是海底沉石的数量为 1 个,且海底沉石通过一根锚链与内浮筒连接;第二种是海底沉石的数量为 3 个,且 3 个海底沉石呈正三角形布置,每个海底沉石通过一根锚链与内浮筒连接。当然,考虑实际情况,也可以采用其他方式。

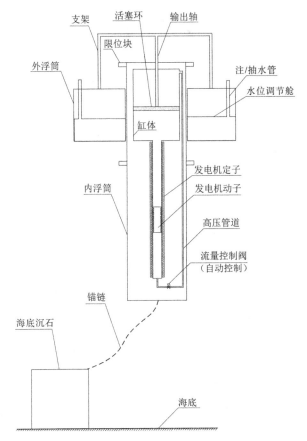

支架　活塞环　输出轴
限位块
外浮筒
注/抽水管
水位调节舱
缸体
发电机定子
发电机动子
内浮筒
高压管道
流量控制阀
(自动控制)
锚链
海底沉石
海底

图 7-16　基于流量阀控制的双浮筒漂浮式波浪发电系统结构图

上述基于流量阀控制的双浮筒漂浮式波浪发电系统的运动过程是:在波浪的推动下,外浮筒会往复性地带动活塞环进行上下运动,活塞环的上下运动会通过缸体内的液体推动发电机动子的上下运动,发电机动子的上下运动会使永磁体的磁感线被发电机定子内的绕组切割,进而发电机定子内绕组感应到电流、电压。特别重要的是,可以根据波浪的频率和波高等信息,调整自动流量控制阀的开度(由控制器完成该流量阀的调整过程),可以使活塞环和发电机动子的上下运动达到匀速,从而使永磁直线电机机构输出的电压、电流达到稳定。

参考文献

[1] Ozkop E, Altas I H. Control, power and electrical components in wave energy conversion systems: a review of the technologies[J]. Renewable & Sustainable Energy Reviews, 2017(67):106-115.

[2] 白志刚,魏茂兴,罗续业,等. 国家海洋能试验场波浪能评估计算[J]. 天津大学学报, 2013(4):87-92.

[3] 历福伟. 浮子形状对振荡浮子式波浪发电装置发电效率的影响[D]. 哈尔滨:哈尔滨工业大学,2011.

[4] 羊晓晟,曹守启,侯淑荣,等. 一种新型振荡浮子式海洋波浪能发电装置的设计[J]. 上海海洋大学学报,2010(5):124-128.

[5] 崔琳,王海峰,熊焰,等. 波浪能发电系统转换效率试验室测试技术研究[J]. 海洋技术,2009,28(2):115-18.

[6] 张岳. 电动车用永磁电动机设计及弱磁控制[D]. 杭州:浙江大学,2014.

[7] 文建平,曹秉刚. 电动车用内嵌式永磁同步电动机弱磁调速研究[J]. 微特电机,2015,43(3):49-50.

[8] 葛凌昱进. V型漏磁可控内嵌永磁电机的设计与研究[D]. 镇江:江苏大学,2019.

[9] 徐进彬,张学义,耿慧慧. 永磁轮毂电机内嵌 V 型磁路结构分析[J]. 微特电机, 2018, 46(3):32-35.

[10] 刘士荣,林卫星,俞金寿,等. 非线性动态系统神经模糊建模与内模/PID 双重控制系统设计[J]. 控制理论与应用,2004,21(4):553-560.

[11] 赵志诚,贾彦斌,张井岗,等. 交流伺服系统模糊内模 PID 控制器设计[J]. 火力与指挥控制,2008,33(11):144-146.

[12] 秦刚,谭进,吴丹怡,等. 内模 PID 控制器在无刷直流电机调速系统中的应用[J]. 电子设计工程,2012,20(12):42-45.

[13] 咎小舒,陈昊,李娜,等. 基于内模-PID 控制的开关磁阻发电系统研究[C]// 中国高校电力电子与电力传动学术年会论文集. 2008.

［14］ Li Wenlong,Chau K T,Jiang J Z. Application of linear magnetic gears for Pseudo-Direct-Drive oceanic wave energy harvesting［J］. IEEE Transactions on Magnetics,2011,47(10):2624-2627.

［15］ 沈云宝.超导电机［M］.杭州:浙江大学出版社,1992.

［16］ 林良真,肖立业.超导电力技术［J］.科学导报,2008,26(1):53-58.

［17］ 金建勋.高温超导直线电机［M］.北京:科学出版社,2011.

［18］ Du Yi,Chau K T,Cheng Ming,et al. A linear doubly salient HTS machine for wave energy conversion［J］. IEEE Transactions on Applied Superconductivity, 2011,21(3):1109-1113.

［19］ 戴闻.超导风力发电机［J］.科学通报,2009,54(10):1481.

［20］ 陈彪,顾国彪.高温超导电机转子冷却技术的研究［J］.电工技术学报,2011, 26(10):143-151.

［21］ 赵佳.高温超导直线感应电机设计研究［D］.北京:北京交通大学,2012.

［22］ 于晓宇,瞿体明,宋彭,等.电枢超导型高温超导电机原理样机的温度场数值模拟研究［J］.低温物理学报,2012,34(3):231-236.

［23］ Satoshi Fukui,Ogawa Jun,Takao Sato,et al. Study of 10 MW-class wind turbine synchronous generators with HTS field windings［J］. IEEE Transactions on Applied Superconductivity,2011, 21(3):1151-1154.

［24］ Liu Chunhua,Chau K T, Zhong Jin,et al. Design and analysis of a HTS brushless doubly-fed doubly-salient machine［J］. IEEE Transactions on Applied Superconductivity,2011,21(3):1119-1122.

［25］ Qu Ronghai,Liu Yingzhen,Wang Jin. Review of superconducting generator topologies for direct-drive wind turbines［J］. IEEE Transactions on Applied Superconductivity,2013,23(3):5201108.

［26］ Kajikawa K,Osaka R,Kuga H,et al. Proposal of new structure of MgB$_2$ wires with low AC loss forstator windings of fully superconducting motors located in iron core slots［J］. Physica C Superconductivity,2011,471(21-22):1470-1473.

［27］ Keysan O,Mueller M A. Superconducting generators for renewable energy applications,IET Conference on Renewable Power Generation［C］. Edinburgh, U. K. 2011.

［28］ 张绪红,李晓航,杜晓纪. MgB$_2$超导圆线基底交流损耗的计算分析［J］.低温物理学报,2006,28(4):353-358.

［29］ Tomsic Michael,Rindfleisch Matthew,Yue Jinji,et. al Development of magnesium diboride (MgB$_2$) wires and magnets using in situ strand fabrication method[J]. Physica C Superconductivity,2007,456(1-2) :203-208.

[30] 闻海虎. 新型超导体二硼化镁(MgB$_2$)基础研究及其应用展望[J]. 物理,2003 (5) :325-326.

[31] Terao Y,Sekino M,Ohsaki H. Electromagnetic design of 10 MW class fully super-conducting windturbine generators[J]. IEEE Transactions on Applied Supercon-ductivity,2012,22(3) :5201904.

[32] Zhu Z Q,Chen X,Chen J T,et al. Novel linear flux switching permanent magnet machines,International Conference on Electrical Machines & Systems[C]. China, 2008.

[33] Jin M J,Wang C F,Shen J X,et al. A modular permanent magnet flux-switching linear machine withfault-tolerant capability[J]. IEEE Transactions on Magnetics, 2009,45(8) :3179-3186.

[34] Huang L,Hu M,Liu J,et al. Electromagnetic Design of a 10-kW-Class Flux-Switching Linear Superconducting Hybrid Excitation Generator for Wave Energy Conversion[J]. IEEE Transactions on Applied Superconductivity,2017,27(4) : 1-6.

[35] Huang L,Liu J,Yu H,et al. Winding Configuration and Performance Investiga-tions of a Tubular Superconducting Flux-Switching Linear Generator[J]. IEEE Transactions on Applied Superconductivity,2015,25(3) :1-5.

[36] 黄磊,胡敏强,余海涛,等. 直驱式波浪发电用全超导初级励磁直线发电机的设计与分析[J]. 电工技术学报,2015,30(2) :80-86.

[37] 余海涛,陈中显,胡敏强,等. 一种直驱式波浪发电装置[P]. 中国: CN201310504361. 5. 2014-01-15.

第 8 章　总结和展望

8.1　总　　结

目前,采用浮筒直接地驱动永磁直线发电机,已成为海洋波浪能开发和利用的主要技术路线。本书在漂浮式波浪发电系统的发展状况、波浪与浮筒之间的相互作用和波浪发电机发展状况的基础上,对单浮筒波浪发电系统和双浮筒漂浮式波浪发电系统进行了研究和分析。首先,对单浮筒波浪发电系统进行建模和仿真分析,并通过实验室试验验证了单浮筒波浪发电系统模型和仿真分析的合理性,仿真和试验结果表明,降低波浪发电用永磁直线发电机齿槽力的幅值,对波浪发电系统的稳定运行具有重要意义;然后,在单浮筒波浪发电系统仿真和试验的基础上,着重研究了一种双浮筒漂浮式波浪发电系统,并进行了样机设计、海洋环境下的静水试验和发电试验;最后,根据海试试验结果,以及最大化地把海洋波浪能转换成电能,提出了一种双浮筒漂浮式波浪发电系统最优化运行的控制方法。本书主要围绕双浮筒漂浮式波浪发电系统的设计、建造、海试试验和优化控制,获得了一些初步的研究成果,具体内容如下:

(1)采用时域法,分析和计算了浮筒在波浪中的垂直方向受力问题,阐述了浮筒垂直附加质量和阻尼系数的计算方法及过程。在此基础上,建立了单浮筒波浪发电系统的模型,并通过试验结果与仿真结果相比较的方法,验证了浮筒在波浪中的垂直方向受力分析理论的合理性。

(2)单浮筒波浪发电系统的试验结果分析表明,减小波浪发电用永磁直线发电机齿槽力的幅值,可以提高波浪发电系统运行的稳定性。所以,采用磁路法,分析计算圆筒型永磁直线发电机的气隙漏磁通系数和端部气隙磁场分布,推导出了一种减小圆筒型永磁直线发电机齿槽力的方法。此外,基于传统的许-克变换理论,提出了一种改进的许-克变换理论,用于对永磁直线发电机气隙磁场分布的计算,并采用有限元法加以验证。验证结果表明,与传统的许-克变换理论相比,改进的许-克变换理论更适用于永磁直线发电机气隙磁场分布的解析计算。

(3)利用格林函数理论和 Froude-Krylov 力,解析计算了浮筒在海洋波浪中的垂直方向运动过程,导出了双浮筒漂浮式波浪发电系统的基本工作原理。根据海试试验投放地点的海洋波浪环境,对双浮筒漂浮式波浪发电系统的外浮筒和内浮筒重量进行了优化设计;考虑到海水的腐蚀特性,加工双浮筒的材料选择了超高分子量聚乙烯;选择 Halbach 充磁方式的圆筒型永磁直线发电机作为双浮筒漂浮式波浪发电系统的能量转换单元;选择基于 GPRS 网络和 Internet 网络通信方式的数据采集和通信系统,实现双浮筒漂浮式波浪发电系统运行状态的监测和管理工作;采用单点系泊系统,将双浮筒漂浮式波浪发电系统定位于预定的海域。

(4)阐述了外浮筒和内浮筒的建造过程,并在静水中对外浮筒的稳定性做了初步的测试;针对圆筒型永磁直线发电机、数据采集和通信模块,以及整个双浮筒漂浮式波浪发电系统的组装,做了简要的描述;采用静水测试和发电测试两种方式,对双浮筒漂浮式波浪发电系统进行了海试试验。

(5)分析了灰色预测法、BP 神经网络预测法、自回归预测法和移动平均预测法的优缺点,并在此基础上采用自回归移动平均模型预测未来某一时间段内的海洋波浪垂直方向运动速度;着重考虑永磁直线发电机的负载力 $\hat{F}_{ul}$,对负载情况下的双浮筒垂直方向运动速度进行了分析;基于对海洋波浪垂直方向运动速度的预测,采用内模 PID 法优化双浮筒漂浮式波浪发电系统负载情况下的运行效率,并做了仿真算例和比较。

(6)在前期科研成果的基础上,根据浮筒受力与运行速度之间的相位差,以及浮筒阻尼系数与发电机输出电磁力之间的关系,研究基于改进型直线发电机的双浮筒波浪发电系统分区域动态优化控制技术。

在完善的理论研究和前期实践的基础上,组建双浮筒波浪发电系统的成套系统,并制定海试试验规划,为提高双浮筒波浪能发电装置的运行效率和安全稳定性奠定基础。

(7)研究基于双边内置式 V 型永磁电机的双浮筒漂浮式波浪发电系统优化控制策略。首先,对永磁直线发电机的结构和运行性能进行优化设计,并提出双边内置式 V 型永磁直线发电机结构;其次,结合双浮筒波浪发电系统的运动特性,研究双边内置式 V 型永磁直线发电机的优化控制技术,使其运行速度和电磁力输出具有良好的目标值跟踪特性、干扰抑制特性和鲁棒性;最后,在双边内置式 V 型永磁直线发电机的优化控制技术基础上,结合双浮筒波浪发电系统的相位动态分区和阻尼系数,进行理论分析,从而为双浮筒波浪发电装置的运行效率和安全稳定性提供技术支持。此外,也阐述了其他几类可以应用到波浪发电技术领域的发电机。

8.2　展　望

尽管本书对双浮筒漂浮式波浪发电系统进行了较为详细和全面的研究,但由于笔者的知识结构和水平有限,仍存在诸多问题需要进一步地分析和研究,具体内容主要分为以下几个方面:

(1)浮筒垂直附加质量和阻尼系数的数值计算。本书采用解析法阐述了浮筒在恒定波浪周期情况下的垂直附加质量和阻尼系数计算过程,并在计算浮筒的垂直运动过程中,对浮筒的垂直附加质量和阻尼系数做了近似处理。然而,在实际的海洋波浪环境中,海洋波浪的运动周期是非恒定的,因此在非恒定波浪周期情况下,研究浮筒垂直附加质量和阻尼系数的快速计算方法,对于双浮筒漂浮式波浪发电系统的运行过程分析和优化控制,具有理论意义和实际价值。

(2)波浪发电用永磁直线发电机的优化设计和铁耗计算。单浮筒波浪发电系统的试验结果表明,由于永磁直线发电机的结构尺寸设计不尽合理,以及永磁直线发电机的定子铁芯齿尖部分出现了磁场饱和现象,导致输出的电压波形出现了高次谐波,此外,定子铁芯齿尖部分的磁场饱和现象也会使永磁直线发电机在运行过程中会出现相应的涡流损耗和磁滞损耗。因此,研究波浪发电用永磁直线发电机的优化设计和铁耗计算具有重要意义。

(3)双浮筒漂浮式波浪发电系统长期运行的稳定性。本书提出的双浮筒漂浮式波浪发电系统,主要由外浮筒、内浮筒、永磁直线发电机、数据采集和通信装置、锚链系泊装置组成。初步的海试试验结果表明,双浮筒漂浮式波浪发电系统在海洋波浪中具有良好的稳定性。但是,由于海洋波浪的基本特征(周期、波高等)是随着季节和气候的变化而变化的,因此有必要通过较长时间(不同季节和气候)的海试试验,进一步验证双浮筒漂浮式波浪发电系统运行的稳定性。

(4)其他先进最优化控制方法的研究和应用。从理论的角度来讲,其他最优化控制方法,诸如永磁直线发电机 q 轴电流控制、复共轭控制、因果控制等,均可以应用到双浮筒漂浮式波浪发电系统的最优化运行中,这对于拓宽双浮筒漂浮式波浪发电系统的最优化控制理论研究及其实际应用具有重要的意义。

附　录

附录 A　二维格林函数理论

设函数 P 和 Q 及其一阶偏导数在平面域 D 及其周界 ι 上连续,则可列出格林定理式

$$\int_{\iota} -P\mathrm{d}x + Q\mathrm{d}y = \iint_{D} (\frac{\partial Q}{\partial x} + \frac{\partial P}{\partial y}) \mathrm{d}x\mathrm{d}y \qquad (\text{A-1})$$

式(A-1)中,左端的积分线路 ι 取正向。取 ι 上的单位法线 $n = (n_x, n_y)$ 指向域 D 的外部,则有

$$\mathrm{d}x = -n_y \mathrm{d}\iota, \mathrm{d}y = n_x \mathrm{d}\iota \qquad (\text{A-2})$$

这里,$\mathrm{d}\iota$ 指的是弧长微分。所以,式(A-1)可改写为

$$\int_{\iota} A \cdot n\mathrm{d}\iota = \iint_{D} \nabla \cdot A\mathrm{d}x\mathrm{d}y \qquad (\text{A-3})$$

其中 $A = (Q, P)$。由附录 B 的式(B-2)可知

$$\int_{\iota} \Phi n\mathrm{d}\iota = \iint_{D} \nabla \Phi \mathrm{d}x\mathrm{d}y \qquad (\text{A-4})$$

在式(A-3)中取 $A = \Phi \nabla \psi$,即得格林第一式

$$\int_{\iota} \Phi \frac{\partial \psi}{\partial n}\mathrm{d}\iota = \iint_{D} (\Phi \nabla^2 \psi + \nabla \Phi \cdot \nabla \Psi) \mathrm{d}x\mathrm{d}y \qquad (\text{A-5})$$

式(A-5)中,互换 Φ 和 ψ,并进行进一步化简和处理,可以得到格林第二式

$$\int_{\iota} (\Phi \frac{\partial \psi}{\partial n} - \psi \frac{\partial \psi}{\partial n}) \mathrm{d}\iota = \iint_{D} (\Phi \nabla^2 \psi - \Psi \nabla^2 \Phi) \mathrm{d}x\mathrm{d}y \qquad (\text{A-6})$$

假如 Φ 和 ψ 在区域 D 中都适用拉普拉斯方程,则

$$\int_{\iota} (\Phi \frac{\partial \psi}{\partial n} - \psi \frac{\partial \psi}{\partial n}) \mathrm{d}\iota = 0 \qquad (\text{A-7})$$

特别地,假如 $\psi \equiv 1$,则

$$\int_{\iota} \frac{\partial \Phi}{\partial n} \mathrm{d}\iota = 0 \qquad (\text{A-8})$$

这里,用 $C_R(p_0)$ 表示以点 p_0 为中心和以 R 为半径的圆周,用 $\gamma_{p_0 p}$ 表示定点 p_0 到动点 p 的距离,取二维拉普拉斯方程的基本解 $\psi = \iota n \gamma_{p_0 p}$,且 Φ 在圆内适合拉普拉斯方程,则可以把格林式应用到 Φ 和 ψ,从而得到平均值式

$$\Phi(p_0) = \frac{1}{2\pi R} \int_{c_R(p_0)} \Phi \mathrm{d}\iota \qquad (\text{A-9})$$

假如 Φ 在平面域 D 中适用拉普拉斯方程,且 ι 是 D 的边界,p 是 D 内的一点,则可以得到另外一种格林式表达式(有的参考资料称之为格林第三式)

$$\Phi(p) = \frac{1}{2\pi} \int_{\iota} \left[\Phi(q) \frac{\partial}{\partial n_q} (\iota n \gamma_{p_0 p}) - \iota n \gamma_{p_0 p} \cdot \frac{\partial \Phi(q)}{\partial n_q} \right] \mathrm{d}\iota_q \qquad (\text{A-10})$$

附录 B　三维格林函数理论

假设函数表达式 $A=(A_1,A_2,A_3)$ 及其偏导数在空间域 v 及在界面 s 上连续,则有

$$\iint_s A \cdot n\mathrm{d}s = \iiint_v \nabla \cdot A\mathrm{d}v \qquad (\text{B-1})$$

式中:n 为 s 上各点处的单位法线向量,指向域 v 的外部。并且,s 是 v 的全部边界, s 可以是几个曲面构成的。在这种情况下,可以由式(B-1)得到下面的表达式:

$$\iint_s \Phi n\mathrm{d}s = \iiint_v \nabla \Phi A\mathrm{d}v \qquad (\text{B-2})$$

在式(B-1)中,取 $A=B \cdot C$,这里的 C 是任意固定向量,则可以得到

$$\iint_s (B \cdot C) \cdot n\mathrm{d}s = \iiint_v \nabla \cdot (B \cdot C)\mathrm{d}v \qquad (\text{B-3})$$

即

$$\left[\iint_s (n \cdot B)\mathrm{d}s \right] \cdot C = \left(\iiint_v \nabla \cdot B\mathrm{d}v \right) \cdot C \qquad (\text{B-4})$$

鉴于 C 是任意固定向量,可以得到式

$$\iint_s n \cdot B\mathrm{d}s = \iiint_v \nabla \cdot B\mathrm{d}v \qquad (\text{B-5})$$

在式(B-1)之中,假设 $A=\Phi \nabla \psi$,且

$$\nabla \cdot A = \nabla \Phi \cdot \nabla \Psi + \Phi \nabla^2 \Psi \qquad (\text{B-6})$$

则可以得到格林第一式

$$\iint_s \Phi \frac{\partial \Psi}{\partial n}\mathrm{d}s = \iiint_v (\Phi \nabla^2 \Psi + \nabla \Phi \cdot \nabla \Psi)\mathrm{d}v \qquad (\text{B-7})$$

把式(B-7)中的 Φ 和 ψ 相互交换,可以得到

$$\iint_s \Psi \frac{\partial \Psi}{\partial n}\mathrm{d}s = \iiint_v (\Psi \nabla^2 \Phi + \nabla \Psi \cdot \nabla \Phi)\mathrm{d}v \qquad (\text{B-8})$$

把式(B-7)和式(B-8)相减,可以得到格林第二式

$$\iint\limits_{s} (\Phi \frac{\partial \Psi}{\partial n} - \Psi \frac{\partial \Phi}{\partial n}) \mathrm{d}s = \iiint\limits_{v} (\Phi \nabla^2 \Psi - \Psi \nabla^2 \Phi) \mathrm{d}v \qquad (\text{B-9})$$

假设 Φ 和 Ψ 在区域 v 中都适用拉普拉斯方程,则

$$\iint\limits_{s} (\Phi \frac{\partial \Psi}{\partial n} - \Psi \frac{\partial \Phi}{\partial n}) \mathrm{d}s = 0 \qquad (\text{B-10})$$

另外,假设 $\psi \equiv 1$,则可以得到

$$\iint\limits_{s} \Phi \frac{\partial \Phi}{\partial n} \mathrm{d}s = 0 \qquad (\text{B-11})$$

式(B-11)是连续性方程。以 $S_R(P_0)$ 表示以点 P_0 为中心、R 为半径的球面,用 $r_{P_0 P}$ 表示点 P_0 到动点 P 的距离,并假设 $\Phi = 1/r_{P_0 P}$,则可知 Φ 在不含有点 P_0 的域内适用拉普拉斯方程,并且 P_0 是它的奇点。在小球面外、大球面 $S_R(P_0)$ 内的域 v 中,Φ 没有奇点,将式(B-10)用于拉普拉斯方程的 ψ 和 Φ,可以得到

$$\iint\limits_{s} \left[\frac{1}{r_{P_0 P}} \cdot \frac{\partial \Psi}{\partial n} - \Psi \frac{\partial}{\partial n} (\frac{1}{r_{P_0 P}}) \right] \mathrm{d}s = 0 \qquad (\text{B-12})$$

式中:s 是由小球面和大球面所组成的边界面 v。在大球面上,$r_{P_0 P} = R$,法线方向就是 $r_{P_0 P}$ 增大的方向,所以

$$\frac{1}{r_{P_0 P}} = \frac{1}{R}, \quad \frac{\partial}{\partial n} (\frac{1}{r_{P_0 P}}) = - \frac{1}{R^2} \qquad (\text{B-13})$$

在小球面上,

$$\frac{1}{r_{P_0 P}} = \frac{1}{\varepsilon}, \quad \frac{\partial}{\partial n} (\frac{1}{r_{P_0 P}}) = - \frac{1}{\varepsilon^2} \qquad (\text{B-14})$$

式(B-12)可改写为

$$\frac{1}{R} \iint\limits_{s_R(P_0)} \frac{\partial \Psi}{\partial n} \mathrm{d}s + \frac{1}{R^2} \iint\limits_{s_R(P_0)} \Psi \mathrm{d}s + \frac{1}{\varepsilon} \iint\limits_{s_\varepsilon(P_0)} \frac{\partial \Psi}{\partial n} \mathrm{d}s - \frac{1}{\varepsilon^2} \iint\limits_{s_\varepsilon(P_0)} \Psi \mathrm{d}s = 0$$

$$(\text{B-15})$$

由式(B-11)可得,式(B-15)等号左边的第一个和第三个积分都等于零,因此利用中值定理和式(B-13)可以得到

$$\frac{1}{\varepsilon^2} \iint\limits_{s_R(P_0)} \Psi \mathrm{d}s = \frac{1}{\varepsilon^2} [\Psi(P_0) + o(1)] \cdot 4\pi\varepsilon^2 = 4\pi\Psi(P_0) + o(1)$$

$$\varepsilon \to o^+ \tag{B-16}$$

$$\Psi(P_0) = \frac{1}{4\pi R^2} \iint\limits_{s_R(P_0)} \psi \mathrm{d}s \tag{B-17}$$

假如 Ψ 在区域 v 中适用拉普拉斯方程，p 是区域 v 中的一固定点，用 γ_{pq} 表示定点 p 到动点 q 的距离。则以定点 p 为中心，以 ε 为半径作一小球 v_ε，该小球 v_ε 完全包含在区域 v 里面 [$s_\varepsilon(p)$ 表示该小球面]。

在区域 $v-v_\varepsilon$ 中利用 Φ、$\dfrac{1}{\gamma_{pq}}$ 和式 (B-10)，可以得到

$$\iint\limits_{s+s_\varepsilon(p)} \left[\Phi(q) \frac{\partial}{\partial n_q} \left(\frac{1}{\gamma_{pq}} \right) - \frac{1}{\gamma_{pq}} \cdot \frac{\partial \Phi}{\partial n_q} \right] \mathrm{d}s_q = 0 \tag{B-18}$$

因为 n_q 与 γ_{pq} 是反向的，则

$$\iint\limits_{s_\varepsilon(p)} \Phi(q) \frac{\partial}{\partial n_q} \left(\frac{1}{\gamma_{pq}} \right) \mathrm{d}s_q = \frac{1}{\varepsilon^2} \iint\limits_{s_\varepsilon(p)} \Phi(q) \mathrm{d}s_q = 4\pi \Phi(p) \tag{B-19}$$

对式 (B-18) 进行积分，可以得到

$$\iint\limits_{s_\varepsilon(p)} \frac{1}{\gamma_{pq}} \cdot \frac{\partial}{\partial n_q} [\Phi(q)] \mathrm{d}s_q = \frac{1}{\varepsilon} \iint\limits_{s_\varepsilon(p)} \frac{\partial}{\partial n_q} [\Phi(q)] \mathrm{d}s_q = 0 \tag{B-20}$$

由此，可以得到格林式的第三种表达式

$$\Phi(p) = \frac{1}{4\pi} \iint\limits_{s} \left[\frac{1}{\gamma_{pq}} \cdot \frac{\partial \Phi(q)}{\partial n_q} - \Phi(q) \frac{\partial}{\partial n_q} \left(\frac{1}{\gamma_{pq}} \right) \right] \mathrm{d}s_q \tag{B-21}$$